渔猎
文明

海水养殖

渔猎文明编委会　编著

中国大百科全书出版社

图书在版编目（CIP）数据

渔猎文明 . 海水养殖 / 渔猎文明编委会编著 .
北京 ： 中国大百科全书出版社， 2025. 1. -- ISBN 978
-7-5202-1683-8

Ⅰ . S9-49

中国国家版本馆 CIP 数据核字第 2025FJ9766 号

总 策 划：刘　杭　郭继艳
策划编辑：张会芳
责任编辑：张会芳
责任校对：闵　娇
责任印制：王亚青
出版发行：中国大百科全书出版社有限公司
地　　　址：北京市西城区阜成门北大街 17 号
邮政编码：100037
电　　　话：010-88390811
网　　　址：http://www.ecph.com.cn
印　　　刷：唐山富达印务有限公司
开　　　本：710mm×1000mm　1/16
印　　　张：10
字　　　数：100 千字
版　　　次：2025 年 1 月第 1 版
印　　　次：2025 年 1 月第 1 次印刷
书　　　号：ISBN 978-7-5202-1683-8
定　　　价：48.00 元

总　序

这是一套面向大众、根植于《中国大百科全书》第三版（以下简称百科三版）的百科通俗读物。

百科全书是概要记述人类一切门类知识或某一门类知识的完备的工具书。它的主要作用是供人们随时查检需要的知识和事实资料，还具有扩大读者知识视野和帮助人们系统求知的教育作用，常被誉为"没有围墙的大学"。简而言之，它是回答问题的书，是扩展知识的书。

中国大百科全书出版社从1978年起，陆续编纂出版了《中国大百科全书》第一版、第二版和第三版。这是我国科学文化建设的一项重要基础性、标志性、创新性工程，是在百年未有之大变局和中华民族伟大复兴全局的大背景下，提升我国文化软实力、提高中华文化国际影响力的一项重要举措，具有重大的现实意义和深远的历史意义。

百科三版的编纂工作经国务院立项，得到国家各有关部门、全国科学文化研究机构、学术团体、高等院校的大力支持，专家、学者5万余人参与编纂，代表了各学科最高的专业水平。专家、作者和编辑人员殚精竭虑，按照习近平总书记的要求，努力将百科三版建设成有中国特色、有国际影响力的权威知识宝库。截至2023年底，百科三版通过网站（www.zgbk.com）发布了50余万个网络版条目，并陆续出版了一批纸质版学科卷百科全书，将中国的百科全书事业推向了一个新的高度。

重文修武，耕读传家，是我们中国人悠久的文化传承。作为出版人，我们以传播科学文化知识为己任，希望通过出版更多优秀的出版物来落实总书记的要求——推动文化繁荣、建设中华民族现代文明，努力建设中国式现代化强国。

为了更好地向大众普及科学文化知识，我们从《中国大百科全书》第三版中选取一些条目，通过"人居环境""科学通识""地球知识""工艺美术""动物百科""植物百科""渔猎文明""交通百科"等主题结集成册，精心策划了这套大众版图书。其中每一个主题包含不同数量的分册，不仅保持条目的科学性、知识性、准确性、严谨性，而且具备趣味性、可读性，语言风格和内容深度上更适合非专业读者，希望读者在领略丰富多彩的各领域知识之时，也能了解到书中展示的科学的知识体系。

衷心希望广大读者喜爱这套丛书，并敬请对书中不足之处给予批评指正！

《中国大百科全书》编辑部

"渔猎文明"丛书序

狭义的渔业仅包括捕捞业和水产养殖业的生产活动及其产品，甚至仅指捕捞渔业；广义的渔业除包含捕捞业和水产养殖业外，还包含加工、贮藏、流通等在内的第二产业和第三产业成分。渔业的发展不仅为人类提供大量优质的动物蛋白质和脂肪源，改善人类食物结构，也为解决人口日益增长对食物的需求起到了重要作用，还促进了社会就业和经济发展，与国计民生有着重要关系。

《中国大百科全书》第三版中渔业是其中一个一级学科，从广义渔业的角度荟萃中外渔猎文明及学科最新研究成果，是一部立足中国、放眼世界的中国首部渔业综合性百科全书。为更广泛地传播学科知识，我们策划了"渔猎文明"丛书，从渔业学科中精选内容分编为《捕捞》《淡水养殖》《海水养殖》《加工》四个分册。

渔业历史悠久，可追溯到远古的渔猎时期。古籍记载和考古出土的文物都证明了在长达几十万年乃至上百万年的岁月中，渔猎是原始社会人类获取鱼、贝等重要食物的主要手段。随着捕捞工具的发展和渔场的发现，渔业作业方式即渔法也随之发展，《捕捞》分册主要从渔船、渔法和渔场三个方面介绍了渔猎文明之捕捞。

世界上几个文明古国都有悠久的养鱼历史，中国是世界公认的水产养殖的摇篮。在河南贾湖遗址出土的鲤骨骼证明，在约 6000 年前中国已开始了水产养殖活动，这也是人类最早进行水产养殖的记录。中华人民共和国成立后,中国水产养殖业发展迅速,且在"以养殖为主"的发展过程中,中国人民结合以往积累的经验走出了适合国情特点的水产养殖发展之路,形成了具有中国特色的水产养殖种类结构。《淡水养殖》《海水养殖》分册按水域分别介绍了渔猎文明之淡水养殖和海水养殖的技术。

早在原始社会渔猎生活时期,人类就学会了利用低温、光照、风力等自然条件和火上熏烤等方法储藏多余的猎物,并在人们的长期食用过程中,逐步发展起了多种加工方法,加工出多种风味的水产品。《加工》分册主要从水产品加工品、加工技术及保藏三个方面介绍了古今中外水产品加工领域的知识。

希望这套丛书能够让读者更多地了解和认识古老而又年轻的渔猎文明,起到传播渔业科学知识的作用。

渔猎文明丛书编委会

目　录

第1章　海水养殖技术　1

海水鱼类养殖　4

大黄鱼养殖　7

军曹鱼养殖　8

牙鲆养殖　9

鲽鱼养殖　11

鲷鱼养殖　12

大菱鲆养殖　13

银鲳养殖　14

花鲈养殖　15

杂交石斑鱼养殖　17

黄姑鱼养殖　18

暗纹东方鲀养殖　19

遮目鱼养殖　21

美国红鱼养殖　22

海水甲壳类养殖　23

凡纳滨对虾养殖　25

斑节对虾养殖　26

中国对虾养殖　27

日本对虾养殖　29

拟穴青蟹养殖　30

三疣梭子蟹养殖　32

海水贝类养殖　33

海湾扇贝养殖　35

青蛤养殖　36

文蛤养殖　37

毛蚶养殖　38

泥蚶养殖　39

马氏珠母贝养殖　41

贻贝养殖 42

香港牡蛎养殖 43

菲律宾蛤仔养殖 46

缢蛏养殖 47

螺类养殖 48

皱纹盘鲍养殖 52

杂色鲍养殖 54

海水棘皮动物养殖 56

海蜇养殖 58

海参养殖 60

刺参养殖 62

糙海参养殖 63

海胆养殖 64

紫海胆养殖 65

光棘球海胆养殖 66

虾夷马粪海胆养殖 67

海水藻类栽培 68

紫菜栽培 69

海带栽培 71

第 2 章　海水苗种繁育　73

海水鱼类苗种繁育 75

大黄鱼苗种繁育 78

花鲈苗种繁育 79

鲷鱼苗种繁育 81

斑石鲷苗种繁育 82

暗纹东方鲀苗种繁育 84

银鲳苗种繁育 85

大菱鲆苗种繁育 86

黄姑鱼苗种繁育 88

鲻鱼苗种繁育 89

牙鲆苗种繁育 90

美国红鱼苗种繁育 92

海水甲壳类苗种繁育 94

    蟹类苗种培育 95

    虾类苗种培育 97

海水贝类苗种繁育 98

    海湾扇贝苗种繁育 100

    青蛤苗种繁育 101

    文蛤苗种繁育 103

    毛蚶苗种繁育 104

    马氏珠母贝苗种繁育 105

    贻贝苗种繁育 107

    香港牡蛎苗种繁育 108

    皱纹盘鲍苗种繁育 111

棘皮动物苗种繁育 113

    海胆苗种繁育 115

    紫海胆苗种繁育 117

    光棘球海胆苗种繁育 119

    虾夷马粪海胆苗种繁育 122

    海参苗种繁育 125

    糙海参苗种繁育 127

    刺参苗种繁育 128

藻类苗种培育 130

    紫菜苗种繁育 132

    海带苗种繁育 133

第3章 海水养殖模式 135

工厂化养殖 136

    鱼类工厂化养殖 136

    鲍鱼工厂化养殖 138

    海参工厂化养殖 139

网箱养殖 141

    网箱鱼类养殖 141

筏式养殖 142

　　海参筏式养殖 142

　　贝类筏式养殖 144

滩涂养殖 145

　　贝类滩涂养殖 145

海水池塘养殖 146

　　鱼类池塘养殖 146

　　甲壳类池塘养殖 147

浅海增养殖 148

　　贝类浅海底播增养殖 148

第1章
海水养殖技术

在人工或自然环境条件下，利用滩涂、浅海、岛屿周边水域或海水资源，培育和繁殖海产动、植物，使其达到预期规格的生产活动所需的方法与技术的统称为海水养殖技术。

◆ 简史

早在 2000 年前，古代希腊就开始建池养殖从海中纳入的溯河幼鱼；中国也开始养殖牡蛎。中国宋代（约 10 世纪）开始有"海田养蛏"，以及利用菜坛养殖紫菜。到 12 世纪，法国开始养殖贻贝。13 世纪，印度尼西亚开始纳苗养殖遮目鱼。中国明代黄省曾在《养鱼经》中最早记载了鲻鱼半咸水人工养殖活动。清代乾隆（1736～1795）年间，中国台湾地区开始蓄养斑节对虾。1842 年，法国在拉布莱塞向河中放流人工孵化的鳟稚鱼。此后，美国、日本先后建起了鲑鳟孵化场，开始致力于鲑鳟的增殖。19 世纪末，挪威、英国与美国曾进行过鳕、鲽的人工孵化。20 世纪初，在欧美兴起了"海鱼孵化运动"，1930 年美国曾将 38.5 亿尾鳕类孵化成仔鱼，放流于大西洋北部缅因湾沿岸。

20 世纪 80 年代起，上百种鱼、虾、贝、藻、参的人工育苗技术、移殖驯化技术、全人工养殖技术取得成功，外海、深水大型或抗风浪型网箱的成功研制，养殖环境的全人工控制和自动监测，养殖场、肥育场、孵化场工程技术的开发，遥控、电子技术及海洋生物技术得到应用。90年代起，围堰养殖、深水网箱、工厂化养殖等集约化养殖方式逐渐进入成熟推广阶段，各国在注重通用养殖技术革新升级的基础上，开始关注新品种繁育、病害防治、饵料营养、生态养殖等领域，以海参养殖、鲍鱼养殖为代表的海珍品养殖初步兴起，循环水养殖、海洋牧场等生态养殖模式开始发展，在大力发展养殖产业的同时更加注重渔业环境及渔业资源的保护和修复。

日本、挪威、法国及美国等发达国家和地区的海水养殖业虽然规模扩张较慢，但是却引领着世界海水养殖业的发展趋势。发达国家和地区凭借强大的技术创新能力和充足的资金，运用工业的发展理念和模式改造传统海水养殖业，使之向现代海水养殖业发展，并在实践中形成多种形式的生态养殖、健康养殖方式，并建立了较为完善的相关管理制度，为海水养殖业可持续发展提供保障。中国的海水养殖技术，继海带、紫菜、贻贝、扇贝、对虾、海水鱼、鲍、刺参等育苗和养殖技术突破之后，品种选育、病害防治、养殖设施、苗种生产和养成，以及环境改善和优化等技术也有明显进步。

◆ **养殖技术**

海水养殖技术主要包括亲体培育技术，苗种生产、中间培育技术，环境管理、整治技术，饲育、保护、养成技术，以及增殖放流、移殖技术等。

海水养殖方式可分为集约养殖和粗放养殖两种。根据养殖场所的不同，又可分为陆地养殖、滩涂养殖和浅海养殖。在陆地养殖中，在室内用水槽、水池或在室外用水泥池、土池养殖的称为室内养殖或室外养殖。其中，连续注入海水，在流水中养殖的称为流水养殖；在静水中养殖的称为静水养殖。凡在室内，有控温、供气、循环水、高密度养殖的称为工厂化养殖。在海岸带挖掘池塘养殖的称为海水池塘养殖。在滩涂养殖中，将苗种撒播在滩涂或海底养成的称为底播式养殖；将苗种附生在滩面的投石、插桩上养成的称为投石、插桩养殖；将苗种附到网帘上，张挂于支柱间，称为支柱式网帘养殖。如将网帘张挂于筏架上，随潮浮动，称为半浮动式养殖。在海湾、港汊（潮间带），用堤坝截堵养殖的称为围堰（港湾、鱼塭）养殖；用网拦围养殖的称为网围养殖。在浅海养殖中，使养殖生物附于或夹于绳、网上或装于笼、袋中，垂挂于海面浮筏下养成的，称为筏式养殖或垂挂式养殖；张挂于海面浮筏上完全浮动养成的，称为全浮动式养殖。用浮在海面或沉于海中网箱养成的，称为网箱养殖。将苗种附于海底器材上养成的称为海底养殖。依据鱼、虾、贝、藻、参等多种养殖生物的生物学特性、种间关系及其搭配情况，又可分为单养、混养、轮养或多级养殖等。通过改善栖息环境，建造人工设施，将苗种撒播、放流于滩涂、海中自然养成的称为增殖。

中国的鲻、遮目鱼等主要采用池塘养殖、港塭养殖；石斑鱼、真鲷、鲆鲽等主要采用网箱养殖、池塘养殖或者工厂化养殖；刺参、皱纹盘鲍等主要采用围堰养殖或者浅海底播增养殖。日本的真鲷等以网箱养殖、堤围养殖方式为主，鲑类、真鲷等鱼类也采用增殖放流方式。在欧美各国，鲑鳟、鲈、鲟类等以网箱养殖和池塘养殖为主。中国、日本、泰国的对虾类大多采用池塘、堤围、网拦方式养殖。中国、法国的贻贝多采用筏式或插桩式养殖；中国、日本等国的扇贝多采用网笼式养殖，而蛏、蛤类多采用底播式养殖。中国和美国的牡蛎多采用海底投石或网片式养殖。中国、日本、韩国的海带、裙带菜大都采用中国首创的筏式养殖法或海底增殖法，而紫菜主要采用网帘浮动式养殖。菲律宾的麒麟菜主要采用海底网片式养殖。

◆ 前景

海水养殖业虽然已取得了重大的成就，但仍有近海资源衰退、环境状况恶化、产品品质下降、养殖病害严重、渔业区域亟待拓展等问题需要解决。因此，优化产业结构、合理利用资源、保障清洁生产、修复资源环境、提供优质产品、健康持续发展是海水养殖技术发展的战略目标。

海水鱼类养殖

海水鱼类养殖是指利用海水通过浅海、港湾改造或人造设施养殖鱼类用于食用和其他功能的生产活动。

◆ 简史

海水鱼类养殖是水产养殖历史重要的一环。400 多年前，中国明代黄省曾的《养鱼经》和胡世安的《异鱼图赞闰集》等著作中便有在"潮泥地""凿池"养鱼的记载。但数百年来，中国海水鱼类养殖的发展相当缓慢，养殖方式一直以原始、粗放的港塭养殖为主，且养殖种类少。中华人民共和国成立以来，海水鱼类养殖获得了长足的发展，海水鱼类养殖通过技术创新和环保型养殖方式的推广，实现高效、可持续、绿色的发展，先后出现了池塘养殖、网箱养殖和工厂化养殖等半精养和精养的养殖方式。

◆ **养殖地区**

海水鱼类养殖主要生产国和地区包括挪威、中国、智利、印尼、菲律宾、日本、越南、英国、加拿大等，其产量占全球总产量的88%以上。中国是海水鱼类主要养殖生产国，主要养殖鱼类有大黄鱼、石斑鱼、海鲈、军曹鱼、金鲳鱼、河鲀和鲆鲽类（包括大菱鲆、牙鲆和半滑舌鳎）等。

◆ **养殖模式**

海水鱼养成模式可分为：①网箱养殖。网箱养殖具有适应水域广、机动灵活、易于管理、高产等特点，是世界海水鱼类养殖十分普及的一种养殖模式。按养殖区域分为内湾浅海区域和离岸区域。内湾浅海网箱有浮动式网箱、固定式大围网和沉降式网箱；离岸网箱（深水网箱）类型有重力式全浮网箱、浮绳式网箱和蝶形升降网箱。网箱养殖要根据水域特点和养殖种类生物学特性，选择网箱类型、混养种类、放养鱼种的规格及投饵策略。②室内养殖。20世纪90年代初借鉴日本、韩国的牙鲆室内养殖模式，中国北方地区开始鱼类室内流水养殖，养殖用水是以自然海水或海边井水为水源，经过沉淀、砂滤进入养殖池；养殖废水直接排入大海。90年代末，"温室大棚＋深井海水"养殖模式逐渐发展起来，养殖水源是盐度适宜的地下卤水或地下卤水与地下淡水混合，经锰砂过滤、曝气进入养殖池。③封闭式循环系统养殖。封闭式循环系统是一种高效养殖模式，其优点是：养殖生产在可控的条件下进行，以求达到优质、高产和节能、减排、高效的养殖结果。封闭式循环水系统养殖技术主要包括固液分离技术、前端紫外线处理技术、水流缓冲调节技术、综合反应净化技术、生物净化技术、末端紫外线消毒技术、充氧技术和在线水质检测技术。在封闭式循环系统养殖模式下，方便进行节点控制，可以进行鱼病防治和无公害健康养殖，达到绿色食品安全的质量要求。④池塘养殖。中国海水鱼类池塘养殖主要有大水面的土池、潮间带岩礁池和高位水池。主要养殖种类有牙鲆、许氏平鲉、鲈鱼、石斑鱼、鲻鱼、河鲀和日本鳗鲡等。池塘养殖具有自然纳潮换水和机械抽水调节水质的功能，管理方便，产量高。利用室内养殖和池塘养殖相结合的模式是今后海水鱼类养殖发展的方向。

◆ 意义

海水鱼类养殖对环境、社会和经济都有着一定的影响，需要在养殖过程中积极控制和管理，确保可持续发展。其中，对环境影响主要集中于养殖水环境污染和生态环境破坏。但是从社会层面，海水鱼类养殖可以提供就业机会，现代化养殖方式可以改变传统的渔业文化。而对经济的影响则主要表现在食品安全、经济效益及技术转移方面。

海水鱼类养殖存在的问题主要包括水质污染、疾病防控、养殖成本高，以及品种单一化。为解决上述问题和实现可持续发展，海水鱼类养殖的发展方向主要有：①发展环保型养殖技术。利用先进技术和装备，减少废水排放和化学物质使用，降低养殖对环境的影响。②优化养殖品种。发掘新品种，提高产品差异化和附加值，促进养殖产业升级。③促进科技创新。加大对海水养殖的科技研发和技术创新，提高养殖效率和品质，降低成本。④推广智慧养殖。利用物联网、云计算、大数据等技术手段，实现对养殖过程的全面监控和管理，提高养殖效益和质量。

大黄鱼养殖

大黄鱼养殖是指在人工可控环境条件下，将大黄鱼苗种培养至商品规格成鱼的过程。大黄鱼养殖自 20 世纪 80 年代大黄鱼人工繁育取得突破后得到快速发展，已成为中国养殖规模最大的海水养殖鱼类。中国福建省宁德市是大黄鱼的主要养殖区。大黄鱼养殖模式主要是近海网箱养殖，有些地区也开展围网养殖和池塘养殖。

大黄鱼养殖分为苗种培育和成鱼养殖阶段。网箱养殖一般选择在抗风力较强的港湾里，低潮时水位在 5 米以上，海水流速 1.2 ～ 2 节，海水溶氧量不低于 6 毫克 / 升，年最低水温不低于 8℃，养殖区域无工业及其他污染源，海区常年透明度高。网箱养殖一般采用近海浮式网箱，也适于在水流较缓的大网箱进行养殖。常用网箱规格为长、宽各 4 ～ 12 米，深 6 ～ 8 米。初期可用较小网箱，随着鱼体长大，逐步换用网目较大的网衣，同时可将数口网箱合并成 1 口，并将网箱加深，可增大鱼的活动空间，利于鱼体健康生长。鱼种放养密度根据网箱内水流畅通情况及鱼种的规格来决定。参考密度为 75 克大小的大黄鱼 25 尾 / 米³ 水体左右，收获前的密度为 12 ～ 14 尾 / 米³ 水体，即 6 ～ 7 千克 / 米³ 水体。大黄鱼养成阶段的饲料为配合饲料或鲜杂鱼。配合饲料可用软颗粒饲料，也可用浮性或半沉性硬颗粒饲料，粒径随鱼种口径大小调整，饲料投喂前须用淡水浸泡。冰鲜小杂鱼一般辅以粉状配合饲料，经加工后投喂。大黄鱼养成期间一般每天早上与傍晚各投喂 1 次，投饲量控制在鱼总重的 1% ～ 4%，根据气候、水温、水质、潮流、生长及摄食状况适当增减；越冬期间（水温 10 ～ 15℃）一般每天投喂 1 次；阴雨天气时，可隔天 1 次。在冬季水温可能低于 8℃ 的海区养殖，在越冬前应提前1 ～ 2 个月停止投喂。

大黄鱼池塘养殖技术主要包括清池、肥水、投苗、投饵和水质管理。养殖用饲料为颗粒配合饲料。养殖常见病害有大黄鱼虹彩病毒病，须注意防控。在中国的养殖品种主要有大黄鱼"闽优 1 号"和大黄鱼"东海1 号"等。

大黄鱼已成为中国养殖规模最大的海水养殖鱼类。因大黄鱼受消费者喜爱，故仍有很大发展空间。但病害问题和沿海工业的发展，将会使得大黄鱼近岸网箱养殖逐渐缩减，陆基养殖和离岸（深水）大网箱养殖将得到发展。

军曹鱼养殖

军曹鱼养殖是指在人工可控环境条件下，将军曹鱼苗种培育至商品规格成鱼的过程。中国台湾地区是军曹鱼养殖先锋区域，也是军曹鱼的主要产地之一。

2007 年，台湾地区军曹鱼人工繁殖成功，并可批量生产，成功解决了苗种来源问题。此外，海南省三沙市一带由于水温合适，水源优质，也成为军曹鱼的良好养殖带。2010 年广东省军曹鱼苗种繁育取得中国首次重大突破，为军曹鱼养殖奠定了基础。

军曹鱼生存水温 16～36℃，适宜水温 24～31℃。适宜盐度 8～35，商品鱼养殖常要求盐度 10 以上。军曹鱼商品鱼养殖主要有网箱养殖、深水网箱养殖等方式。军曹鱼生长快，半年可达 1.5～2 千克，1 年可达 6～8 千克，2 年可达 10 千克以上，较适合深水网箱养殖。

军曹鱼全长 30～35 厘米、体重 450～500 克规格的鱼种，适用于深水网箱养殖成商品鱼。挑选体表无伤、横纹清晰、色泽明亮、活力强的鱼种用于养殖。深水网箱养殖军曹鱼的密度应根据水域环境、管理水平、饵料来源等具体情况而定，一般 40 米周长的圆形网箱，养殖密度 5000～7000 尾 / 亩，经过 2 年的饲养，培育成个体重 10 千克左右的商品鱼。投放鱼种时，应一次投放足量，分次投放鱼种容易造成个体大小差异。饵料以冰鲜鱼为主，饵料大小根据军曹鱼口裂而定。

军曹鱼具有生长速度快、个体大、抗病力强、产量高、味道鲜美、营养价值高等特点，养殖效益和市场优势明显。军曹鱼在中国沿海地区均有分布，是南方沿海体形较大的经济鱼类，肉质细嫩、鲜美，适合加工，尤其是制作成生鱼片，品质纯白色、口感好，深受市场欢迎。在军曹鱼商品鱼养殖阶段，投喂人工配合饲料养殖效果不如冰鲜鱼饲料好，而冰鲜鱼饲料来源不稳定、投喂时劳动强度大，在一定程度上限制了其养殖发展。但中国海域辽阔，军曹鱼仍具较好养殖前景。

牙鲆养殖

牙鲆养殖是指在人工可控环境条件下，将牙鲆苗种培养至商品规格成鱼的过程。

中国牙鲆养殖主要在河北和山东，辽宁、福建和天津次之，并少量辐射江苏、广东等地。2014 年，牙鲆养殖产量约 2 万吨，约占中国海水鱼类养殖总产量的 2%。日本以褐牙鲆为主要养殖品种。美国自 20 世纪 90 年代中后期将漠斑牙鲆列为优良养殖品种，开始人工繁育及养殖技术研究。

牙鲆成鱼养殖水温为 12 ～ 26℃，盐度 20 ～ 32，pH7.8 ～ 8.6，溶解氧含量需保持在 5 毫克 / 升以上。饵料为适口的鲆鲽鱼类配合饲料或鲜杂鱼。牙鲆养殖包括大规格苗种培育和成鱼养殖两个阶段。主要采用网箱养殖、工厂化养殖和池塘养殖等方式。

牙鲆鱼苗培育至体长为 4 ～ 5 厘米时，进行大规格苗种培育，至苗种体长达 10 ～ 12 厘米，进入成鱼养殖阶段。因牙鲆幼鱼有互残现象，因此在大规格苗种培育过程中要及时将不同大小的个体分开培育。网箱养殖是成鱼养殖的主要方式，分为海上分格式网箱养殖和下沉式着底网箱养殖。工厂化养殖是在人工大棚内的水泥池中养殖，并使用温度较为恒定的地下水进行养殖或换热。一般多采用开放式流水养殖，为保证鱼类正常生长，在冬季也采用锅炉升温加热。随着循环水养殖技术的发展，节能环保的封闭或半封闭式循环水养殖也在牙鲆中开展起来。与工厂化养殖相比，池塘养殖的成本低、操作简单，不受海区条件的限制。但由于牙鲆不能在北方池塘越冬，还需要工厂化养殖配套设施作为越冬基地。

在中国，牙鲆养殖品种有牙鲆"鲆优 1 号"、牙鲆"北鲆 1 号"、牙鲆"北鲆 2 号"等。牙鲆人工养殖已形成受精卵生产、人工育苗、苗种养成等完整的产业链，并开发了"陆海接力""南北轮养"等多种养殖模式，对常见病害有规范的防治措施，在良种选育等方面也已有深入研究，在中国海水鱼类养殖领域具示范带头作用，具有广阔的养殖前景。

鲽鱼养殖

鲽鱼养殖是指在人工可控环境条件下，将鲽鱼苗种培养至商品规格成鱼的过程。鲽科鱼类的养殖品种主要是鲽形目鲽科江鲽属星突江鲽。常有两眼位于头右侧的反常个体。此外，石鲽、黄盖鲽也是中国常见养殖品种。星突江鲽在 3 ～ 28℃ 水温中可以摄食。养殖模式以温室大棚＋深井海水工厂化（室内工厂化养殖）养殖为主。

选择体形完整、色泽正常，有活力无病灶，全长达 10 厘米的健康鲽鱼苗种养殖。按照鱼体所占养殖池的面积比例放苗和分苗：鱼苗全长 10 ～ 15 厘米要维持在 50% ～ 60%；15 厘米以上苗种可占池底面积的 80% ～ 90%。养殖全程投喂颗粒饲料，最好投喂膨化饲料，饲料中定期添加复合维生素和乳酸菌等有益物质。体重小于 100 克时日投喂 3 次，大于 100 克时日投喂 2 次。日投喂量应占鱼体重的 2% ～ 3%，具体日投喂量根据每天残饵有无而定。在药浴期间停饵。消毒主要使用 0.1 ～ 0.2 毫克／千克的二氧化氯和溴氯海因等药剂，谨慎使用二氯异氰尿酸钠、高锰酸钾、次氯酸钠等药物。做好水质监测和环境管理工作。鲽鱼有雌性生长快于雄性个体的特点，特别是雄鱼性腺开始发育后生长速度变慢。在人工养殖条件下，经过 20 个月工厂化养殖雌鱼平均体重可达 1 千克以上。

星突江鲽具有养殖性状优良,适温、适盐范围广,摄食频率高、消化与转换率强、抗病力强、营养价值高、口感独特等特点,并具有出口创汇的潜力。从海水至咸淡水均能养殖,养殖区集中在中国山东省日照、江苏省连云港地区。星突江鲽在日本已成为竞争力非常强的经济鱼种,具商业开发价值。

鲷鱼养殖

鲷鱼养殖是指人工可控环境条件下,将鲷鱼苗种培养至商品规格的过程。20 世纪 70 年代先后在日本和韩国发展普及。中国真鲷养殖兴起于 20 世纪 80 年代,已成为海水鱼的主要养殖品种之一。鲷类养殖主要有浮式网箱养殖和池塘养殖。

浮式网箱养殖一般选择水质好、潮流平稳、流速适中、风浪较小的海湾设置海面浮式网箱。在水温高于 15℃ 时,挑选健康的大规格苗种进行投放,放养密度为 200 ~ 300 尾 / 米 ^{3}。鲷鱼养殖主要投喂湿性或干性颗粒饵料,每天投喂 2 次。养殖管理主要是每天捞除死鱼和检查活鱼活力;每 20 天左右更换 1 次网衣,网箱网目随鱼体的生长而逐渐增大。

鲷鱼池塘养殖技术主要包括建池、清塘、基础饵料的培养、投苗和养殖管理。选择地势平坦、潮流畅通的内湾中潮区建设 3 ~ 10 亩不等、水深 2 米左右的鱼塘。采用漂白粉、茶籽饼或生石灰清塘后,进行基础生物饵料培养,在水温达 15℃ 以上时投苗。全长 5 ~ 8 厘米苗种,放养密度为 1000 ~ 2000 尾 / 亩,饵料和投喂同网箱养殖相似。

大菱鲆养殖

大菱鲆养殖是指在人工可控条件下，将大菱鲆苗种培养至商品规格成鱼的过程。大菱鲆是中国主要海水养殖鱼类之一，尤其是北方沿海的主导养殖鱼种。雷霁霖院士带领中国水产科学研究院黄海水产研究所的大菱鲆课题组创建的工厂化养殖模式，为中国大菱鲆工厂化生产奠定了坚实基础。

大菱鲆养殖包括苗种选购、苗种运输、苗种入池、水环境条件控制、饲料与投喂及养殖模式6个环节。大菱鲆养殖模式包括室外开放式流水养殖、海面网箱养殖、室内开放式流水养殖和室内封闭式循环流水养殖4种。中国多采用温室大棚＋深井海水工厂化流水养殖模式，而封闭式循环流水养殖模式则是中国水产养殖的发展方向。

大菱鲆养殖苗种选购要求商品苗规格5厘米以上、鱼体完整、色泽正常、有活力、健康无病灶、无畸形。苗种运输一般采用尼龙袋充氧运输，运输时间可维持在10～30小时。尼龙袋内先加入1/3左右的砂滤海水，放入鱼苗后充氧、封口，再装入泡沫箱或纸箱中密封运输。运输过程中要防止鱼体受伤、碰撞、破袋、漏气、漏水、充氧不足等事故发生。苗种入池要求温差1～2℃；盐度差5以内。放养密度根据饲育条件、水质、换水量等来调节，一般以单位养殖面积放养鱼苗的重量来计算，也可以根据鱼体面积占鱼池放养面积的比例来计算。工厂化养殖水环境要求水质无污染，抽取的地下水经检验合格后方可使用；自然海水则需经过沉淀、过滤、消毒后再使用；并且养殖全程要实时监控水质因子的动态变化。养殖水要求温度10～22℃、溶解氧5毫克/升以上、

pH 大于 7.3、盐度为 20 ~ 32、水循环量每天至少在 5 个以上。大菱鲆主要投喂全价人工配合饲料或以鲜杂鱼为黏合剂与鱼粉、各种维生素及专用粉末饲料制成软颗粒饲料。具体的投喂量应根据摄食情况来确定，要求不能有残饵，投喂时应注意观察鱼的摄食情况和摄食量的变化。中国养殖的大菱鲆品种有大菱鲆"多宝 1 号"、大菱鲆"丹法鲆"等。常见病害有大菱鲆红体病等，需注意防治。

大菱鲆营养价值高，口感爽滑甘美，在国际市场上深受消费者欢迎，特别是欧美，在市场上与鲑鳟相媲美，养殖前景广阔。

银鲳养殖

银鲳养殖是指在人工可控环境条件下，将银鲳苗种培养至商品规格成鱼的过程。银鲳养殖几乎只在中国和科威特开展，因鲳属鱼类应激反应强烈，且银鲳始终保持群体性游动，需要保证必要的养殖空间，故养殖还不普及。银鲳为近海暖温性中下层鱼类。银鲳养殖模式主要包括室内水泥池养殖、网箱养殖及池塘养殖。

◆ 室内水泥池养殖

挑选全长 4 ~ 6 厘米的优质银鲳苗种进行养殖，在全长达 14 厘米前进行 1 次分池，分池时需保持连水带鱼，保证鱼不离水。银鲳的生长速度与放养容积的关系更密切，因此需保证一定的水体容积。养殖环境中溶氧、亚硝酸盐等对存活影响极大。饵料以配合饵料或预混料加工饲料为主。投喂频率随着鱼体生长和环境变化进行调整，做好水质监测和环境管理工作。

◆ **网箱养殖**

银鲳网箱养殖的苗种放养规格与室内水泥池养殖相似，成败的关键是水流速不可过高；另还需保证网箱是以直径 6 米或面积大于 36 平方米的方形网箱。采用配合饵料或预混料加工的饲料进行投喂。

◆ **池塘养殖**

银鲳池塘养殖技术主要包括清池、肥水、投苗、放养密度和投喂。水温高于 32℃ 或低于 8℃ 时都会造成大量死亡。为使银鲳集中摄食，需在土池中吊挂网箱进行驯化，待驯化使每次投饵有 90% 以上的银鲳摄食后再拆除网箱。放养密度为 800 ～ 1000 尾 / 亩。

银鲳是中国主要的海产经济鱼类，随着捕捞强度的增加，产量虽然未见减少，但渔获物的体长组成趋于减小。开展银鲳人工繁育将有助于银鲳资源的保护和合理开发，为人工放流增殖资源提供苗种来源，对实施海水养殖品种结构调整、提高水产养殖效益、增加渔民收入及满足市场需求，具有重要的现实意义。

花鲈养殖

花鲈养殖是指在人工可控环境条件下，将花鲈苗种培养至商品规格的过程。

花鲈养殖主要有室外土池塘养殖（海水和淡水池塘）、海水网箱养殖等模式。另外，室内水泥池、天然坑堰、湖泊及水库的围栏水域都适合进行粗放养殖。中国花鲈养殖区主要分布在福建、广东和广西 3 省、自治区等沿海地区，主要采用土塘、水泥池和网箱养殖，以单一品种高密度集约化养殖为主，其中以广东省珠海市斗门区为最。该区白蕉镇被誉为中国海鲈之乡，是花鲈养殖的核心区，主要采用土池进行养殖。花鲈种苗产地主要集中在福建省。

花鲈喜清晰水质，要求有充分而良好的水源，池塘有较强排灌水能力，便于水质调节。河口地区半咸淡水池塘能满足花鲈室外土池塘养殖条件。水深超过2米池塘适合进行精养，精养池应配有增氧设备。花鲈放养密度一般为5000～10000尾/亩，养殖产量达2500～5000千克/亩；投喂养鲈专用全价颗粒饲料。在高密度养殖情况下，水质调控是关键，尤其是高温季节。在水源不够充分的海水池塘或内陆地区池塘养殖花鲈，适宜进行混养或低密度养殖。

自20世纪90年代初开展海水网箱养殖以来，中国近海养殖花鲈的规模逐步扩大，并形成了一定规模的花鲈出口基地。为提高养殖鲈鱼的产品质量，开发的6米×4米中型网箱养殖可获得较好效益。放养鱼种体长为9～11厘米，网箱密度为100～140尾/米^{3}水体，投喂冰鲜鱼类或全价颗粒饲料，经过1年饲养，规格达500～750克/尾，单产约可达50千克/米^{3}水体。

20世纪90年代以来，中国河口地区半咸淡水池塘养殖鲈鱼产业迅速发展，花鲈市场需求越来越大，出口创汇前景看好。随着水产品质量安全问题日益受到人们关注，生产健康、优质、无公害的鲈鱼，为人们提供安全放心的水产品，成为花鲈养殖的发展方向。

杂交石斑鱼养殖

杂交石斑鱼养殖是指在人工可控环境条件下，通过杂交手段获得具有优良性状的杂交石斑鱼苗种培养至商品规格成鱼的过程。

"虎龙杂交斑"是已培育出的杂交石斑鱼品种，以棕点石斑鱼为母本，鞍带石斑鱼为父本杂交获得，其肉质好、生长快、抗病力强。外形上兼具父母本的特征，头部形态像棕点石斑鱼，尾部形态像鞍带石斑鱼，杂交优势明显，在中国南方沿海已有大规模的养殖。

杂交石斑鱼的养殖方式主要有工厂化养殖、池塘养殖等，特别是工厂化循环水养殖，能够节约土地资源，减少对环境的影响，养殖产量稳定，养殖的标准化、规范化程度高。

◆ 工厂化养殖

全长 4 ~ 10 厘米的鱼种可以用作商品鱼养殖。养殖水环境条件为盐度 25 ~ 35、水温 22 ~ 30℃、pH7.8 ~ 8.6、溶解氧大于 5 毫克 / 升、氨氮小于 0.2 毫克 / 升、亚硝酸盐小于 0.1 毫克 / 升。主要以人工配合饲料喂养，日投饵率 2% ~ 3%，每天投喂 1 ~ 2 次；鱼种体重小于 200 克 / 尾时，每天投喂 2 次，之后每天投喂 1 次。鱼种的生长速度与放养密度存在密切关系，需要经常过筛分规格饲养，并调整养殖密度，养殖到商品鱼上市时，养殖密度可达 60 千克 / 米^3 水体。

◆ 池塘养殖

在水温 25℃ 左右投放苗种，可分三级养殖，第一级放养全长 4 ~ 5 厘米的苗种，放养密度 3 万尾 / 亩，每天投喂饲料 2 次；第二级放养殖个体重约 100 克的鱼种，养殖密度 1.5 万尾 / 亩，每天投喂饲料 1 次；

第三级养殖个体重约 250 克的鱼种，养殖密度 0.5 万尾 / 亩，每天投喂饲料 1 次，养成至 600 ～ 700 克 / 尾规格的商品鱼。池塘养殖中，需要根据水质情况经常换水，定期消毒，防止病害。

杂交石斑鱼必须在封闭的水体中养殖，严格禁止杂交石斑鱼逃逸进入自然水域。杂交石斑鱼产品以活鱼方式出售，使得其市场具有局限性。若能开发出石斑鱼加工产品，将会有更广阔的市场前景。

黄姑鱼养殖

黄姑鱼养殖是指在人工可控环境条件下，将黄姑鱼苗种培养至商品规格成鱼的过程。随着黄姑鱼苗种繁育技术的突破，黄姑鱼养殖得到快速发展。黄姑鱼养殖模式主要是近海网箱养殖，有些地区也有围网养殖和海水池塘养殖。

黄姑鱼网箱养殖一般选择在抗风力较强的港湾里，低潮时水位在 5 米以上，海水流速 1.2 ～ 2 节，海水溶氧量不低于 6 毫克 / 升，年最低水温不低于 8℃，养殖区域无工业及其他污染源，海区常年透明度高。

黄姑鱼网箱养殖一般采用近海浮式网箱，也适于大网箱养殖。鱼种放养密度根据网箱内水流畅通情况及鱼种规格而定。全长 4 ～ 5 厘米幼鱼放养密度为 20 ～ 33 尾 / 米^3。全长 9 ～ 12 厘米幼鱼放养密度为 20 ～ 25 尾 / 米^3。正常情况下，幼鱼每 15 ～ 20 天调整一次放养密度并根据鱼体大小调换网箱网目规格，当全长达 21 厘米以上时，根据鱼体不同大小分网养殖。为提高黄姑鱼养殖的成活率和养殖产量，一般采用分级养殖法。黄姑鱼饲料种类有颗粒配合饲料或鲜杂鱼，但以颗粒配合饲料为主。冰鲜小杂鱼一般辅以粉状配合饲料，经加工后投喂。养成期间一般每天早上与傍晚各投喂 1 次；越冬期间一般每天投喂 1 次。

黄姑鱼池塘养殖技术主要包括清池、肥水、投苗、投饵和水质管理。黄姑鱼为底层性鱼类，可和大黄鱼等中上层鱼类混养，以充分利用水体空间。

黄姑鱼是海水养殖鱼类中生长快、肉质细嫩、营养价值高的养殖种类，因其不易患刺激隐核虫病、存活率高，可以部分取代大黄鱼养殖，也可作为大黄鱼的混养对象。

暗纹东方鲀养殖

暗纹东方鲀养殖是指在人工可控环境条件下，将暗纹东方鲀苗种培养至商品规格成鱼的过程。

暗纹东方鲀为中国特有种。从 20 世纪 90 年代中期，暗纹东方鲀作为名特水产品被开发利用，其繁殖、育苗等方面的研究逐步开始。暗纹东方鲀养殖始于 20 世纪 90 年代初，养殖方式主要以池塘养殖（单养、混养）、大棚温室养殖、工厂化养殖和网箱养殖为主。养殖包括鱼种运输、控毒养殖和商品鱼养殖 3 个环节。

暗纹东方鲀稚鱼长到 15 ～ 30 毫米时可作为鱼种出池，鱼种运输方式分为尼龙袋充氧密封运输、塑料桶充氧密封运输和塑料桶增氧运输，其中尼龙袋充氧密封运输是使用最广泛的运输方法。运输前要做好鱼种的锻炼工作，使其适应高密度、排出粪便和黏液，并能适应静水和波动，提高存活率。运输途中要注意运输用水的清洁，避免水温突变以及寒冷天运输。运达目的地后先要放进高溶氧、微流水网箱中适应，后逐步放入饲养池。

暗纹东方鲀养殖时要特别注意控毒，可在完全淡水中养殖、抑制杀灭产毒细菌，投喂不含河鲀毒素的饲料，采取稳定养殖水体实施控毒养殖。暗纹东方鲀养殖分为土池养殖、室内养殖和高效养殖 3 种模式。土池养殖采用改进的人工湿地法对池塘水质进行生物调控，优化水生生态环境，保持水质良好，使养成的暗纹东方鲀达控毒生产的效果。室内养殖同样要求无毒源养殖生态环境，水体要有足够的溶解氧、合适的酸碱度和温度，水中无机营养成分不超标，无河鲀毒素污染。养殖用水须调温增氧和杀菌消毒，以确保水质符合控毒水质标准。高效养殖模式实施温室 + 露天的养殖工艺、科学投喂专用配合饲料以及预防与控制病害。水温高于 18℃ 时采用露天养殖模式，当露天池水温低于 18℃ 时，转移至温室培育，转移时做好过渡操作，转移后人工控温饲养。合理使用鲀用全价配合饲料，采取定位、定量、定时和定质的科学饲养技术，可保证暗纹东方鲀正常生长，降低生产成本，提高经济效益。在疾病的防治过程中，遵循防重于治及预防和治疗相结合的原则提高暗纹东方鲀的健康水平。

暗纹东方鲀分布于沿海及通海的江河中下游，其肉味鲜美，脂肪和蛋白质含量都很高，但其皮肤、生殖腺、肝、血液中含有毒素，特别是繁殖期间毒性最大。暗纹东方鲀的肝脏和卵巢可提取河鲀毒素，用于治疗神经痛、痉挛、夜尿症等。日本和中国长江下游居民爱吃此鱼，具有一定出口创汇潜力及市场需求。

遮目鱼养殖

遮目鱼养殖是指在人工可控环境条件下，将遮目鱼苗种培养至商品规格成鱼的过程。

中国台湾地区遮目鱼养殖有300多年的历史。20世纪70年代至今，中国海南、广东、广西等省、自治区也有小规模的养殖。印度尼西亚、菲律宾、泰国、马来西亚和泰国等东南亚国家都有养殖。印度尼西亚遮目鱼养殖最为发达，2001年产量达23万多吨；中国台湾地区遮目鱼养殖也较为发达，20世纪80年代养殖面积达1.3万公顷，年养殖产量9万多吨。

遮目鱼养殖方式有粗放式池塘养殖、集约式池塘养殖以及鱼虾混养等。

◆ 粗放式池塘养殖

即传统式池塘养殖。池塘面积1～20公顷，养殖水深35～100厘米，每公顷放养体长5～18厘米不同规格苗种7000～9000尾。采取肥水和投配合饲料相结合的方式为遮目鱼提供饵料，晴日每公顷施鸡粪或猪粪0.5～1吨，日投配合饲料占池塘鱼总重量的3%～4%，养殖时间6～9个月，体重300～600克收获，每公顷年产量2000～2400千克。

◆ 集约式池塘养殖

池塘面积1～6公顷，水深2～3米，年养殖每公顷放养体长6～20厘米苗种1万～1.5万尾。设水车式增氧机增氧，采用投饵机投放配合饲料。养殖时间4～9个月收获，单位面积养殖产量为粗放式养殖的

3 ～ 6 倍，每公顷年产量可达 1 万千克。

◆ **鱼虾混养**

中国海南、广东、广西、浙江等地采取遮目鱼与凡纳滨对虾混养，池塘面积 0.2 ～ 0.7 公顷，池深 1.3 ～ 1.6 米，设水车式增氧机增氧。每公顷放养体长 1.2 ～ 1.5 厘米鱼苗 0.3 万～ 13.5 万尾，体长 0.8 ～ 3 厘米虾苗 27 万～ 300 万尾。投鱼粉、黄豆粉、玉米粉、木薯粉、米糠和面粉等作为遮目鱼饵料，投对虾配合饲料为对虾饵料，或单投对虾配合饲料。养殖 4 个月左右收获。每公顷产遮目鱼 710 ～ 5090 千克，每公顷产凡纳滨对虾 3650 ～ 15300 千克。

在中国，遮目鱼在台湾养殖普遍，是台湾地区人民喜食的一种海水鱼类，为台湾地区具有代表性的食用鱼类，有"台湾第一鱼"之称，其人工繁育技术已非常成熟；大陆地区于 2012 年起已实现规模化人工繁育技术。遮目鱼适合在中国南部沿海地区推广养殖，是咸淡水养殖中有发展前景的鱼类，也是发展鱼类生态养殖的理想种类。

美国红鱼养殖

美国红鱼养殖是指在人工可控环境条件下，将美国红鱼苗种培养至商品规格成鱼的过程。

中国台湾地区于 1987 年由水产试验所引进鱼卵，1989 年繁殖成功后，开始推广到民间养殖。1991 年，中国国家海洋局第一海洋研究所首次从美国引进美国红鱼仔鱼，培育至 1995 年开始产卵，且美国红鱼苗种繁育取得成功。1996 年开始池塘养殖。随后，美国红鱼广泛推广到中国大陆地区沿海各省、自治区、直辖市进行养殖。美国红鱼的成鱼养殖方式主要有网箱养殖和池塘半精养两种。

美国红鱼网箱养殖一般选择在抗风力较强的港湾里，低潮时的水位5米以上，海水流速1.2～2节，海水溶氧量不低于6毫克/升，年最低水温不低于6℃，养殖区域无工业及其他污染源，海区常年透明度高。其他养殖环境根据美国红鱼生态习性调控。网箱养殖一般采用近海浮式网箱，也适于在大网箱进行养殖。鱼种放养密度根据网箱内水流畅通情况及鱼种规格而定。饲料为颗粒配合饲料。

美国红鱼池塘养殖技术主要包括清池、肥水、投苗、投饵和水质管理。饲料中蛋白质含量以35%为宜，含鱼粉12%以上，添加一些虾头粉可改善饲料的适口性。饲料颗粒的大小以适合鱼的口径为宜。

美国红鱼属于广盐性鱼类，是海水养殖鱼类中生长快、成活率高、容易养殖，适合高密度养殖的一种水产养殖品种。因肉质口感较差，市场售价较低，适应性强，易发展成入侵物种，因此养殖中应注意逃逸问题；不可在海区进行人工放流增殖。中国台湾地区已在设法清除进入自然海区的美国红鱼。

海水甲壳类养殖

海水甲壳类养殖是指在人工可控海水、淡水及盐碱水等环境条件下，将虾、蟹等甲壳动物的苗种培养至商品规格过程中所用技术的统称。

海水甲壳类养殖品种繁多，包括凡纳滨对虾、中国对虾、日本对虾、斑节对虾、长毛明对虾、墨吉对虾、刀额新对虾、罗氏沼虾、日本沼虾等虾类，以及三疣梭子蟹、锯缘青蟹等蟹类。世界主要养殖国家有中国、泰国、越南、印度等亚洲国家和南美洲的厄瓜多尔，非洲、北美洲、欧洲和中东的部分国家，以及澳大利亚。

按照养殖所用水源，可分为海水养殖、盐碱地渗水养殖等；按照养殖设施，可分为大水面养殖、池塘养殖、高位池养殖、温棚养殖、工厂化循环水养殖等；根据养殖模式可分为粗养、半精养、精养、混养以及与其他动植物的综合养殖等。

海水甲壳动物养殖过程根据不同甲壳动物和模式而有所差异，一般包括：①养殖设施处理。包括整理、清淤、冲洗、消毒等。②水源处理。包括过滤、沉淀、曝气、消毒等。③苗种投放。包括选苗、病原检测、中间暂养、淡化等。④基础饵料。通过施肥等养殖单细胞藻类和浮游动物，以及移植水草等。⑤环境调控。包括排污、换水、理化因子检测以及利用有益微生物制剂、绿色环境改良剂、增氧等方式进行综合调控，维持水质稳定，工厂化循环水养殖则采用蛋白分离、微滤、生物包等水处理。⑥饲料投喂。以人工配合饲料为主，部分品种可配合天然饵料，并采用适宜的投喂策略。⑦病害防控。包括病原监控、免疫强化、生态防控、安全性药物使用等。⑧废水排放。经生物净化和沉淀过滤后排放，或循环利用。⑨收获和运输。利用放水、拉网、地笼等方式收获，活运或冰鲜运输等。

作为名特优水产品养殖的重要组成部分，海水甲壳动物市场需求大、养殖效益好、发展速度突出，已成为中国沿海各地水产养殖的主导产业。但是未来应注重：遗传选育与良种培育、模式优化与养殖规范化、病害综合防控技术、质量安全水平提升、产业链信息化管控系统等方面的发展。

凡纳滨对虾养殖

凡纳滨对虾养殖是指在人工可控环境条件下，将凡纳滨对虾虾苗培养至商品规格的过程。

凡纳滨对虾为世界三大养殖对虾品种之一，主要养殖国家或区域除中国外，还有泰国、越南、印尼等东南亚国家，印度等南亚国家，以及厄瓜多尔等南美洲国家。按照所用水源，可分为海水养殖、淡水养殖、盐碱地渗水养殖、地下咸水养殖等；按照养殖模式，可分为土池养殖、覆膜高位池养殖、温棚土池养殖、温棚车间养殖、工厂化循环水养殖等。

以池塘养殖为例，凡纳滨对虾养殖过程主要有：①池塘处理。包括平整、曝晒、清淤、冲洗、消毒等。②进水处理。包括过滤、沉淀、消毒等。③肥水培藻。包括施用无机肥、有机肥、藻类生长素等。④虾苗放养。包括选苗、检疫、中间暂养、淡化等。⑤饲料投喂。以人工配合饲料为主，确保适宜的投喂量，并根据需要添加免疫和营养强化剂等。⑥环境调控。包括水体理化因子检测以及利用有益微生物制剂、绿色环境改良剂、底质改良剂、增氧等方式维持水质稳定。⑦病虫害防控。包括病原监控、安全性药物使用、鱼虾混养防病等。⑧日常管理。包括进水、排污、巡视和记录等。⑨废水排放。利用生物处理池和沉淀过滤后排放。⑩收获。利用拉网、脉冲电网、地笼等收获，以活虾或冰鲜方式运输销售。

1988 年 7 月，中国科学院海洋研究所从美国夏威夷引进凡纳滨对虾；1992 年 8 月，中国人工繁殖凡纳滨对虾获得初步成功；1999 年，华南地区批量培育出虾苗，开始形成规模化养殖。其后面积迅速扩展，模式不断增加，发展最高峰时年产量达 160 万吨。虽然由于病害、市场等因素造成上下波动，尤其是自 2012 年以来产量持续下降，但因尚无可以替代的新品种，仍是中国的对虾养殖中面积最大、产量最高、影响力最大的品种，随着研究的深入和技术提升，未来将稳步回升与持续发展。培育苗种所用的亲虾主要来源于美国 SIS、泰国正大等，同时中国培育的凡纳滨对虾新品种数量也在不断增加，包括凡纳滨对虾"科海 1 号"、凡纳滨对虾"广泰 1 号"、凡纳滨对虾"中科 1 号"、凡纳滨对虾"中兴 1 号"、凡纳滨对虾"桂海 1 号"和凡纳滨对虾"壬海 1 号"等品种。

斑节对虾养殖

斑节对虾养殖是指在人工可控环境条件下，将斑节对虾苗种培养至商品规格成虾的过程。斑节对虾养殖以池塘养殖为主，按照养殖模式和投苗密度等，斑节对虾养殖可分为粗养、半精养、精养，以及高位池养殖等。

斑节对虾养殖包括以下 10 个步骤：①水源选择。宜选择盐度在 10 ～ 30 的水源，以海水为主，但多配有淡水水源。②池塘处理。包括平整、曝晒、清淤、冲洗、消毒、除害等。③进水处理。包括过滤、沉淀、消毒等。④肥水培藻。包括施用无机肥、有机肥和藻类生长素等。⑤虾苗放养。包括选苗、检疫、中间培育等。⑥饲料投喂。以人工配合饲料为主，也有搭配部分鲜活饵料（消毒后投喂），确保适宜的投喂量，并根据需要添加免疫增强剂和营养强化剂等。⑦环境调控。包括换水、微生物制剂调水、底质改良、开启增氧机等。⑧病害防控。包括病原监控、安全性药物使用、杜绝病原携带者进入等。⑨日常管理。包括水质检测、巡视和观察记录等。⑩收获。利用定置网或电网等，活虾可干活运销。

其他养殖环境需根据斑节对虾的生活习性进行人为调控。斑节对虾养殖品种有斑节对虾"南海1号"等。

斑节对虾属于世界三大养殖虾类之一。1968年，中国台湾地区人工养殖成功，1981～1987年达高峰期而后低落。20世纪80年代，开始引至中国福建、广东、广西各地，规模逐步扩大；1997～1999年，在海南形成养殖热潮；但是2000年以后，养殖比例已远低于凡纳滨对虾。在河北、山东等地有少量养殖。在华南地区每年可养2～3茬。但由于其市场价格较高，养殖仍维持在一定规模。在凡纳滨对虾等遇到病害或市场问题时，其养殖比例将有所增加。

中国对虾养殖

中国对虾养殖是指在人工可控条件下，将中国对虾由虾苗培养至商品规格的过程。中国对虾养殖的研究工作始于20世纪50年代初。1952

年 3 月，中国渔业学家朱树屏和中国胚胎学家童第周，就共同开展海洋养殖课题研究进行商洽，决定合作开展对虾人工养殖工作。随后，朱树屏拟定了"虾类养殖原理的研究"课题计划书，这是有关中国对虾研究的最早记录。

中国对虾养殖模式以池塘养殖为主。按照养殖模式和投苗密度等，可分为粗养、半精养、精养和虾－蟹、虾－鱼、虾－贝、虾－参多元综合养殖模式等。

一般中国对虾池塘养殖模式有以下 9 个环节：①池塘处理。包括平整、曝晒、清淤、冲洗、消毒、除害等。②进水处理。包括过滤、沉淀等。③天然生物饵料繁殖。包括施用无机肥和有机肥、移殖动物性饵料等。④虾苗放养。包括选苗、检疫、中间培育等。⑤饲料投喂。包括人工配合饲料和卤虫、兰蛤等鲜活饵料（消毒后投喂），确保适宜的投喂量，并根据需要添加免疫和营养强化剂等。⑥环境调控。包括添水与换水、微生物制剂调水和改良底质、开启增氧机、雨后排淡水等。⑦病害防控。包括病原监控、安全性药物使用、混养肉食性鱼类等。⑧日常管理。包括水质检测、巡视和观察记录等。⑨收获。利用小型陷网或排水收虾等，冰鲜运销。

综合养殖模式下，中国对虾养殖过程中的环境调控，需要根据中国对虾的生活习性及混养品种的生活习性综合考虑，且养殖过程需防控对虾白斑综合征、对虾传染性皮下及造血组织坏死病等病毒性病害，对虾急性肝胰腺坏死病、对虾弧菌病等细菌性病害和对虾纤毛虫病等寄生虫性病害。

中国对虾是中国特有的对虾养殖品种。1980 ～ 1981 年，"中国对虾工厂化育苗技术的研究"获得成功，此后养殖规模迅速扩大，覆盖辽宁至海南的各沿海地区，成为中国最主要的对虾养殖品种和重要的出口创汇水产品。1988 ～ 1992 年，中国对虾养殖达到发展高峰，占全球养殖对虾总产量近 1/3。1993 年，由于病毒性疾病暴发（后确认病原为白斑综合征病毒，WSSV），产量锐减至不到原先的 1/4。至 2004 年，中国对虾产量仅占全国对虾养殖总产量的 10%，养殖区域仅分布于山东、天津、河北、辽宁的部分地区。2003 年之后，中国水科院黄海水产研究所先后培育出中国对虾"黄海 1 号"、中国对虾"黄海 2 号"、中国对虾"黄海 3 号"等品种，在河北、山东等地推广，养殖面积有所回升。未来是否能继续扩大取决于种苗、病害、市场等因素的综合影响。

日本对虾养殖

日本对虾养殖是指在人工可控环境条件下，在海水池塘中将日本对虾由虾苗培养至商品规格的过程。

1970 年，中国台湾地区开始日本对虾养殖试验；1988 年起，中国大陆在浙江、福建和广东等省陆续开始养殖；20 世纪 90 年代以后，北方各省开始养殖，现从海南到辽宁沿海均有养殖，北方地区多为单茬或双茬养殖，而南海区域主要是秋冬季养殖。

日本对虾养殖主要适于大水体的生态养殖方式，也有部分地区进行高密度养殖。按照养殖模式和投苗密度等，可分为粗养、半精养、精养、车间养殖，以及与鱼类、蟹类、贝类和海参混养等。

日本对虾养殖过程包括：①池塘选择。沙底、沙泥底质或池底铺沙，最适盐度24～30。②池塘处理。包括平整、曝晒、清淤、冲洗、消毒、除害等。③进水处理。包括过滤、消毒等。④天然生物饵料繁殖。包括施用无机肥和有机肥、移殖钩虾、蜾蠃蚩、沙蚕等动物性饵料。⑤虾苗放养。包括选苗、检疫、中间培育等，根据市场需要可一次或多次投苗。⑥饲料投喂。包括人工配合饲料、杂鱼和卤虫、兰蛤等鲜活饵料（消毒后投喂），傍晚或夜间投喂并确保适宜的投喂量。⑦环境调控。包括添水与换水、微生物制剂调水和改良底质、开启增氧机等。⑧病害防控。包括病原监控、安全性药物使用、杜绝病原携带者进入等。⑨日常管理。包括水质检测、巡视和观察记录等。⑩收获。利用定置网和小型陷网等，活虾带水运输或干运。

日本对虾养殖常见病害有对虾白斑综合征、对虾传染性皮下及造血组织坏死病、对虾急性肝胰腺坏死病、杆状病毒中肠腺坏死症、链壶菌病、镰刀菌病、褐斑病、对虾弧菌病、对虾纤毛虫病等。养殖过程应从养殖环境、养殖苗种等方面预防、控制病害暴发，发现病体及时处理。

日本对虾虽然单产低，但售价高，产量和规模也相对稳定，因而在其他对虾品种出现病害和市场困扰的情况下，日本对虾的养殖得到了广泛重视。

拟穴青蟹养殖

拟穴青蟹养殖是指在人工可控环境条件下，将人工培育或捕捞海区的拟穴青蟹大眼幼体或蟹种饲养至商品规格的过程。

拟穴青蟹在中国的养殖历史可以追溯至 20 世纪。拟穴青蟹在国际市场需求量大，并具有个体大（每只重 200 ～ 500 克）、食性杂、育肥快、养殖周期短等养殖优点。

拟穴青蟹为广盐性的海产蟹类，能够在盐度为 2.6 ～ 55 的水环境中生存，最适盐度为 12.8 ～ 26.2。一般情况下，当盐度差别变化超过 10 以上则会引起死亡。每年雨季海水盐度幅度变化较大时，人工养殖的拟穴青蟹死亡率较高。在非最适盐度海域，拟穴青蟹仍能很好地生长、发育、成熟和交配，但是不能产卵和繁殖。已驯化适应淡水养殖的拟穴青蟹，生长状况较好，但拟穴青蟹会对突然的海水盐度的升高或下降难以适应。

在中国南方的大部分沿海，青蟹一年四季都能养殖。尽管青蟹分布很广，但仅有少数国家养殖拟穴青蟹。越南、泰国也养殖该物种。菲律宾、印度尼西亚、印度和马来西亚是青蟹主要养殖国家，但主要养殖的是锯缘青蟹。其中，青蟹养殖产量以中国内陆地区最高，其次是菲律宾。

根据养殖季节、养殖周期、养殖目的的不同选择不同规格的苗种。若按拟穴青蟹生长规律，可分成幼蟹的暂养、养成、育肥 3 个阶段，大型养殖场应该有 3 个阶段配套的池塘，也有的专门从事某一阶段的养殖场。育肥阶段也可分为池塘养殖和滩涂围养两种方式。池塘养殖需注意场址选择，宜在风浪不大的内湾中高潮线附近，以东西长方形池塘最好。拟穴青蟹养殖苗种来源仍主要是捕捞自然海区蟹苗和蟹种，蟹苗暂养是指大眼幼体强化培育成壳宽 1.5 ～ 1.8 厘米的小规格幼蟹的过程，筛选暂养后或海区捕捞的健康蟹种放养，放养需依规格、养成方式而定。养成期间需注意饲养管理、水质监控、病害防治等工作的把控。由于工厂化人工育苗的成功，养殖范围从中国南方到北方均可。

作为中国重要的海水养殖蟹类，拟穴青蟹具有较高的经济价值、营养价值和药用价值，然而在人工养殖过程中容易受水质、细菌和病毒的感染等导致养殖过程中存活率低，造成拟穴青蟹养殖产业的巨大损失。虽然已有不少疾病防控的对策如免疫增强剂等，但如何通过提高拟穴青蟹自身的免疫力来抵抗日益严重的病害已成为拟穴青蟹养殖业中一个亟待解决的问题。

三疣梭子蟹养殖

三疣梭子蟹养殖是指在人为可控环境下，将三疣梭子蟹苗或蟹种培养至商品规格的过程。

三疣梭子蟹广泛分布于中国、日本及朝鲜等海域。20 世纪 90 年代，由于自然资源下降，捕捞产量远不能满足消费需求，中国开始了三疣梭子蟹人工养殖，截至 2017 年底，已在整个东海沿岸、山东半岛和辽东半岛沿岸得到普及。三疣梭子蟹的养殖起步于日本，以放流增殖为主。除中国和日本，其他国家很少养殖梭子蟹。

根据养殖设施的不同，三疣梭子蟹养殖有池塘养殖、滩涂围栏养殖、水泥池养殖和海区笼养等方式。人工养成的方法主要为池塘养殖，可分为池塘养成、育肥和越冬 3 种形式。养成指在当地海域三疣梭子蟹苗出现时进行人工捕捞或收购作为人工养殖的苗种，从蟹苗到商品蟹。育肥指秋天收购交尾雌蟹，在池内暂养 2 ～ 3 个月，使其性腺更加饱满，高价出售。越冬指选择大规格亲蟹，在室内或室外越冬，为翌年春天提供亲蟹。

三疣梭子蟹养殖品种有三疣梭子蟹"科甬1号"、三疣梭子蟹"黄选1号"等。三疣梭子蟹养殖以土池为好，养殖场应选址在沿海泥质或沙质潮间带以上的荒滩或盐碱地，保证潮流畅通，盐度控制在20～35，进排水方便，池塘内需设置隐蔽物，以减少个体间相残。池塘养殖放养前需进行清淤、除害和消毒，减少病害的发生。池塘消毒半个月后，可为苗种的投入培养基础饵料。蟹苗放养对水温要求较为严格，需控制水温在15～18℃，突变温差不大于8℃；放养的蟹苗要求规格在Ⅱ期幼蟹以上，大小均匀，甲壳硬，无病无伤，十肢齐全，无黏附物缠绕，活泼，游泳能力强；苗种暂养需根据水体大小、水质条件、供饵条件、蟹苗规格和质量等因素合理确定；养成阶段需严格把控投喂食量、水质调节并持续记录日常观测。在实际养殖生产中，有条件的地方可进行雌雄分养，雄蟹达到商品蟹规格即可出池，雌蟹在冬季卵巢成熟之后出池。运输时注意捆扎，防止个体间相残。

随着海洋资源的广泛开发，三疣梭子蟹成为重要的经济海产蟹类。发展三疣梭子蟹养殖对种质资源（优良遗产物质）的利用和保护具有重要意义。

海水贝类养殖

海水贝类养殖是指在人工可控环境条件下，将海水稚贝养至商品规格成贝的过程。

中国海水养殖贝类种类较多，大宗品种主要有牡蛎、蛤类、扇贝、蚶类、贻贝、蛏类、螺类、鲍、珍珠贝等 20 多个种类。贝类养殖方式主要有浅海筏式养殖、滩涂底播养殖和围塘养殖等方式。在世界范围内，被商业化养殖的贝类主要有牡蛎、蛤类、扇贝、鲍等。

贝类养殖应选择风浪较小，底质和水质条件适宜，基础饵料丰富的海区。海区环境应无工业、生活等污染源影响，水温周年变化以不超过养殖对象的耐受范围为宜，海区敌害生物和附着生物少。养殖贝类除腹足类的鲍和部分螺类食性为大型藻类或肉食性外，双壳贝类基本都为滤食性，依靠从水体中或底质中摄取微藻和有机碎屑为食。因此，贝类养殖对环境条件和饵料的要求较为宽泛，不同海区适宜的养殖对象有所不同。

扇贝、牡蛎、贻贝等浅海滤食性贝类多采用筏式养殖方式。在浅海水面上利用浮子和绳索组成浮筏，并用缆绳固定于海底，使贝类养殖笼固着在吊绳上进行养殖。菲律宾蛤仔、青蛤、文蛤、缢蛏等埋栖性滩涂贝类，在北方海区主要为底播养殖方式，贝类苗种以合适密度播在潮间带和浅海滩涂进行增殖护养。南方海区的青蛤、文蛤、缢蛏、泥蚶等滩涂贝类则多在滩涂区域围塘进行养殖，不同种类通常进行搭配混养。鲍、螺等腹足类养殖方式较为多样，包括筏式养殖、围塘养殖、工厂化养殖等，需要人工投喂饵料。

贝类养殖产量占海水养殖产量的 80% 左右，是重要的浅海养殖对象。随着贝类人工育苗技术的发展和新品种的采用，贝类养殖产业的规模、种类和产品质量持续提升。贝类养殖对环境的扰动小，是一种生态环保的养殖对象。

海湾扇贝养殖

海湾扇贝养殖是指在人工可控环境条件下，将海湾扇贝稚贝培养至商品规格的过程。

海湾扇贝是一种优良的养殖品种，原产于北美大西洋沿岸，壳高 6 厘米左右，寿命一般为 12 ～ 16 个月，少数个体可达 24 个月。具有生长快、养成周期短、产量高、经济效益好、当年养殖当年收获的特点。1982 年，由张福绥院士等人引入中国，现已在中国北方形成产业。

海湾扇贝养殖一般选择水流畅通，受大风浪影响小，大潮期低潮时水深为 5 ～ 25 米，无工业污水流入，水质较好，盐度在 25 ～ 33，水温在 5 ～ 28℃，饵料丰富、敌害较少的海区养殖。

海湾扇贝主要养殖方式为筏式养殖。包括航道等空置水面积在内，每公顷水面可放养 70 万～ 100 万粒；直径 30 厘米的养殖笼每层放 25 ～ 35 粒。养殖海湾扇贝要早育苗，应尽量使用早苗、大苗和壮苗，分苗时间宜早不宜迟，一般 6 月下旬至 7 月中旬分苗。

海湾扇贝在养殖过程中，笼上往往会附着大量污损生物，影响扇贝生长。因此，需及时刷洗养成笼，清除敌害生物。查清养殖区藤壶、贻贝、牡蛎等产卵和附着时间及其幼虫垂直分布和平面分布规律，尽量避开藤壶、贻贝、牡蛎附着高峰期进行分袋倒笼等生产操作。污损生物大量附着季节，应适当下降水层；大风浪来临前，应将整个筏架下沉，以减少损失。随着扇贝的生长，体重增加，应及时增补浮漂，防止筏架下沉，使浮漂保持在水面将沉而未沉状态。

青蛤养殖

青蛤养殖是指在人工可控环境条件下，将青蛤稚贝培养至商品规格成贝的过程。青蛤养殖主要包括围塘养殖方式和滩涂养殖方式。

青蛤围塘选择高潮区或堤内围塘，围塘包括滩面与围绕滩面的环沟组成，滩面蓄水深度 0.5 ～ 1 米。除围塘养殖方式之外，根据不同的环境条件，还采用滩涂蓄水养殖和平涂养殖等方式。养殖滩涂应选择风浪较小，涂面平坦、潮流畅通的滩涂区域。在滩涂高潮区一般采用筑坝蓄水养殖，蓄水塘一般为长方形，面积几亩至几十亩不等，设堤坝、畦面、排水沟。平涂养殖是一种不蓄水的养殖方式，一般在潮间带中潮区利用大片滩涂，平整滩面，利用排水沟适当将滩面分隔，防止滩面积水。

青蛤围塘养殖苗种投放前，需要将塘内水排干，对池塘进行翻耕、耙松和抹平。池塘整理后，进水之前用生石灰或漂白粉等进行消毒。进水后通过施用氮肥，促进水体中基础饵料的生长，将水体透明度调整到30 厘米左右。青蛤池塘养殖一般为春季播苗，苗种规格 1 ～ 1.5 厘米，播苗密度 300 ～ 500 粒 / 米 ^{2} 滩面。在实际生产中，青蛤围塘养殖一般与虾、鱼等进行混养，提高经济效益。混养时需要通过设置围网，对不同养殖区域和养殖对象进行合理分隔，防止青蛤被捕食。养殖过程中应加强管理，定时巡视，调节塘水，防止敌害生物。滩涂养殖方式放苗量一般低于围塘养殖方式，一般为 5 万～ 10 万粒 / 亩。

青蛤产量高、肉质鲜美，是贝类主导养殖品种之一。且对水温、盐度等环境因子的适应性较强，在中国南北沿海广泛开展。随着养殖面积和养殖密度加大，青蛤养殖过程中也时常受到病害困扰，发展生态化养

殖模式和培育抗逆、抗病新品种是青蛤养殖产业可持续发展的重要
保障。

文蛤养殖

　　文蛤养殖是指在人工可控环境条件下，将稚贝养至商品规格成贝的
过程。文蛤养殖方式主要包括北方的滩涂底播养殖和南方的围塘养殖
方式。

　　文蛤滩涂底播养殖一般选择滩涂平坦，沙泥质，含沙率最好 60%
以上的潮间带和潮下带浅水区作为文蛤底播养殖区域。文蛤养殖区附近
最好有河流等淡水注入，海水盐度低，饵料生物丰富，有利于文蛤生长。

　　文蛤围塘养殖之池塘面积以 20 ～ 50 亩为宜。养殖塘开设环沟，沟
深约 50 厘米，中央为滩面。中央滩面蓄水深度可达 50 ～ 100 厘米。池
塘底部为沙泥质，含沙率最好 60% 以上，若含沙率太低需人工铺沙厚
度 5 ～ 10 厘米。池塘分别设置独立的进排水设施，在养殖区设置 1 ～ 1.5
米高的聚乙烯网。围网孔径为 1 ～ 2 厘米，防止蟹子等生物摄食养殖的
贝类。

　　文蛤滩涂底播养殖一般在春季和秋季播苗，播苗规格壳长应大于 1
厘米，以增加成活率，播苗密度 100 ～ 200 千克 / 亩。池塘养殖新塘在
塘底平整或铺上细沙后，曝晒数天；老塘需清淤，再翻土、曝晒、平整。
池塘整理后，进水之前用生石灰或漂白粉等进行消毒。消毒 24 小时后
进排水 2 ～ 3 次，冲洗残留药物。池塘进水后根据塘内的水色，施加有
机肥或无机肥，使水体保持浅茶色或浅绿色。播苗时应选择壳长大于 0.5

厘米的健康文蛤苗种，每平方米滩面投苗 200 ～ 300 粒。养殖期间要控制塘内水色为浅茶色或浅绿色。透明度太低时需加大换水量，透明度太高时（超过 40 厘米），可施肥或追肥培养饵料，肥料以发酵过的粪肥或无机肥为宜。围塘养殖应定期检查和清除敌害生物如甲壳类、腹足类、野杂鱼等，并清洗围网上附着生物。

文蛤养殖病害以预防为主、综合防治，养殖过程中需注意避免细菌侵染，如溶藻弧菌、弗尼斯弧菌、副溶血弧菌和假单胞菌等。

文蛤一直是中国沿海重要的养殖贝类之一。随着人工育苗技术成熟和新品种的采用，可促进和保证文蛤养殖产业的可持续发展。文蛤产品除内销以外，也以鲜活方式出口日本和韩国市场，是中国出口创汇的重要品种。

毛蚶养殖

毛蚶养殖是指在人工可控环境条件下，将毛蚶苗种培育至商品规格的过程。毛蚶适合在中国南至两广沿海地区及韩国、朝鲜、日本等国养殖，适宜养殖的海水盐度为 20 ～ 35，适宜水温为 5 ～ 28℃，适宜底质为泥沙质。选择在潮流畅通、饵料生物丰富、泥沙质底且地势平坦的 -10 等深线以内浅海区，或选择能纳潮进水、底质为细沙质或泥沙质的池塘。

毛蚶养殖通常包括浅海底播养殖和池塘养殖两种方式。中国浅海底播养殖一般在江苏以北黄渤海沿海区域较普遍。池塘养殖则在南北沿海均有开展。

毛蚶浅海底播养殖首先在养殖区用插竹等方式确定养殖区范围及面

积，配备专业渔船进行日常管理。苗种的投放季节选择在 9 月初至 10 月中下旬，放养苗种规格为 240 粒 / 千克左右的蚶苗，投放时间选择在早晨或傍晚，播苗时船在标志范围内作"之"字形往返慢行，人在船上用簸箕撒播，边行边播。播苗量根据蚶苗的个体大小而定，以平均规格约 240 粒 / 千克的苗种计算，毛蚶苗种播撒密度控制在 20 粒 / 米² 左右。当毛蚶生长到壳长规格 4 厘米左右时即可进行收获，可采用渔船拖带耙子进行捕捞的方法。

毛蚶池塘养殖一般以混养为主。池塘结构包括滩面与围绕滩面的环沟组成，并设有独立的进排水口，专用于毛蚶养殖的滩面一般控制在总面积的 30% 左右，滩面蓄水深度约 1 米，沟深 1.5 ～ 2 米。苗种放养前对池塘进行翻耕、整涂、清害、消毒、培肥等。苗种放养时间为每年的 4 ～ 5 月，放养密度为规格 2000 粒 / 千克左右的苗种放养 500 粒 / 米² 滩面，将苗种均匀地撒在滩面上。混养虾、蟹时，用围网将养殖区隔离保护。养殖的日常管理主要包括饵料生物培养、敌害生物清除、水位调节控制等。

毛蚶具有生长快、养殖周期短、产量高、养殖操作简单等特点，且市场需求量大，具有良好的发展前景。

泥蚶养殖

泥蚶养殖是指在人工可控环境条件下，将泥蚶从苗种培育至商品规格的过程。

泥蚶适合中国沿海地区及越南、泰国、韩国等国沿海地区养殖。适宜海水盐度为 15 ～ 30，适宜温度为 5 ～ 30℃，适宜底质为泥沙质。选择涂面平坦、潮流畅通、泥质或泥沙质底的中高潮海区滩涂，或利用通过陡闸能自然纳潮的陆基泥底质海水池塘。泥蚶养殖包括苗种繁育和养成两个阶段，其中苗种繁育阶段见泥蚶苗种繁育，养殖品种有泥蚶"乐清湾 1 号"。

泥蚶养成主要包括滩涂筑坝蓄水养殖和陆基池塘养殖两种模式。滩涂筑坝蓄水养殖主要在潮间带海区构筑养殖塘，以天然的浮游植物或有机碎屑作为饵料。陆基池塘养殖通常采用与虾、蟹（或鱼）混养模式，利用人工施肥或虾蟹饲料培肥。

滩涂筑坝蓄水养殖一般在滩涂构筑面积 2 万～ 3 万平方米、四周坝高 0.5 米左右的养殖塘，塘坝外侧用高 1.5 ～ 2 米的围网保护，并顺潮流涨落方向，将塘内埕面划分为宽 5 米左右的蚶畦，畦与畦之间有浅沟。一般在每年的 4 月份放苗，放苗前进行整埕并清除敌害生物，放苗密度为规格 400 ～ 600 粒 / 千克的苗种 80 ～ 120 粒 / 米^2。其日常管理主要为设施的检查维护、敌害生物的清除等。

陆基池塘养殖主要采用蚶与虾、蟹（或鱼）混养的方式，混养塘的构造包括滩面与围绕滩面的环沟组成，并设有独立的进排水口，滩面面积占总面积的比例一般不到 1/2，滩面蓄水深度约 0.5 米，沟深 1.5 ～ 2 米。苗种放养前对池塘进行翻耕、整涂、清害、消毒、培肥等，苗种放养密度为规格 1600 ～ 2000 粒 / 千克的苗种放养 400 ～ 600 粒 / 米^2 滩面。该种养殖方式主要利用混养虾蟹投放的饲料及产生的代谢物，作为泥蚶饵料的营养来源。

泥蚶营养丰富、市场价格高。养殖操作简单、投资少、产量高、经济效益显著，具有良好的发展前景。

马氏珠母贝养殖

马氏珠母贝养殖是指在人工可控海区环境条件下，将马氏珠母贝稚贝养成商品规格成贝的过程。

马氏珠母贝养殖海区选择最低潮水深 3.5 米以上、受淡水影响小、海面风浪较小、附着生物和敌害生物少的港湾或近海海域。海区底质为沙质、沙泥或砾石。水温 15 ～ 30℃、盐度 25 ～ 35、pH 为 8.0 ～ 8.4、溶解氧 5 毫克 / 升以上。在最低潮水深 2 ～ 3 米的内湾型海区，采用立桩拉绳式吊养；最低潮水深 5 ～ 6 米的内湾型海区，采用框架排筏式吊养；最低潮水深 8 米以上的开放型海区，采用浮球延绳式吊养。

在马氏珠母贝养殖期间，不同壳高规格的贝，采用不同的养殖笼具、养殖密度及分笼疏养时间。春季和秋季建议浅吊，吊养在 2 米以上水层；夏季和冬季建议吊养在 4 米左右水层。每 5 ～ 10 天打开苗笼检查 1 次，如有毛嵌线螺幼贝、蜗虫、蟹等敌害生物，应及时清除。大贝养成期间，1 ～ 3 个月清除贝体附着物 1 次，清贝时避免太阳直射和高温作业，露空时间最长不超过 2 小时；养殖笼附着生物量过多时，应换笼。壳高 10 ～ 20 毫米的苗种，经过约 2 年的海上养殖，可培育至壳高 65 毫米以上的大贝。对于植核母贝，严禁使用淡水浸泡的方法清除附着生物。

养殖马氏珠母贝可为海水珍珠培育提供育珠母贝或作食用贝。

贻贝养殖

贻贝养殖是指在人工可控环境条件下，将贻贝苗种培养至商品规格的过程。

一般应选择避风、潮流畅通的内湾，水深 5 ～ 20 米，流速 15 ～ 35 米 / 分的海区养殖贻贝。海区要求水质良好、饵料丰富，盐度 18 ～ 32。紫贻贝和厚壳贻贝的适养海区水温在 0 ～ 29℃，翡翠贻贝的适养海区水温在 12 ～ 32℃。

贻贝养殖器材主要有主缆绳、浮子、木桩、桩绳、吊绳、养成器等。养殖方式主要是浅海筏式养殖，还有少量插竹养殖、栅式养殖和平台吊养等。

贻贝浅海筏式养殖。浮筏间距 30 ～ 40 米，筏间距 6 ～ 8 米。浮筏的方向应根据风向和潮流确定，风的威胁大则顺风放置，受潮流威胁大则顺流放置。按照每绳挂 60 ～ 160 吊的数量挂苗，沉子 30 ～ 40 个。防护与管理措施主要包括防风浪、防冰、防暑、防脱落、防敌害（如海星、章鱼、红螺、蟹等）。

贻贝插竹养殖。在低潮线以下的浅水区插竹。为利于贻贝附着，竹子应先在海水中浸泡 1 ～ 2 个月。

贻贝栅式养殖。选择水深 10 米以内，底质为沙泥质，潮差较小，风浪较轻的海区，树立木桩、水泥柱等，上面用竹、木、水泥柱架设成棚。栅式养殖优点是可防除底栖敌害，采收方便。

贻贝平台吊养。用竹、木搭架，并用塑料浮子增加浮力。平台底下挂养贻贝，平台顶上为工作场所。平台面积为 20 米 ×20 米，每个平台可吊养成绳 600 ～ 1000 根，一般设有管理房、工具房等。

贻贝分苗时间因品种而定，一般紫贻贝与厚壳贻贝为 8 月下旬至 10 月，翡翠贻贝为 7 ～ 9 月。贻贝养殖密度以养成绳 1000 ～ 1200 个 / 米为宜。分苗方法主要有包苗、并绳分苗、夹苗分苗、流水附苗和网箱分苗等。具体操作有：①包苗。用网 2 ～ 3 天后拆网，遇大风浪时延迟拆网。②并绳分苗。根据养成密度，细苗绳可缠到养成绳上；粗苗绳可与养成绳并行扎在一起，待贝苗移到养成绳后，拆开分养。③夹苗分苗。把成簇的贝苗夹到橡皮绳或棕绳上，操作简单、省力，但附苗不匀。④流水附苗。将贝苗放在水池或船舱，一层苗一层养成绳，按养成密度要求铺 4 ～ 6 层，流水让贝苗再附着，2 ～ 6 小时即可附牢，移到海上养殖。⑤网箱分苗。在浅水处，用长方形网箱，按密度，一层苗一层养成绳，装满箱后用木板压牢，18℃ 时 12 小时即可附牢，即可移到养成筏养殖。

香港牡蛎养殖

香港牡蛎养殖是指在人工可控环境条件下，将香港牡蛎从稚贝阶段养大至商品规格的过程。

香港牡蛎主要养殖在中国广东、广西沿海。通常养殖区域选择位于有河流注入的内湾中下游，没有工农业有害污水流入的海区。海区常年盐度在 10 ～ 30（比重 1.006 ～ 1.022），月平均水温变化在 10 ～ 30℃，干潮露空时间在 2 ～ 4 小时。因牡蛎市场的增长和价格稳步上涨，特色鱼塭与海塘养殖也被越来越多的人接受。鱼塭与海塘的选择，主要选择依据为海水排灌方便、淡水来源充足、交通便利、区内海水温度在 7 ～ 35℃；同时，人类活动带入污染程度低，池塘硬泥质底为宜。

香港牡蛎养殖主要包括香港牡蛎苗种繁育和香港牡蛎养成两个阶段。而养成阶段又包括稚贝、幼贝、成体贝，以及上市要求的牡蛎育肥 4 个阶段。牡蛎的不同养殖阶段，其养殖管理技术亦存在相应差异。养成方式经历了从插竹养殖、投石养殖、立桩养殖到垂下式栅式养殖、延绳养殖和浮筏式养殖等多个发展阶段。主要采用垂下式栅式养殖、延绳养殖和浮筏式养殖 3 种模式。

◆ **垂下式栅式养殖**

又称固定桩式，民间称为"固定井排式"。通用栅架搭建方式：顺着海流方向，在养殖海区插立桩木 3 列，每列长 60 ～ 120 米不等，木桩列间距约为 3 米，用横木连接桩木，排竹（中国湛江地区发展出用聚氯乙烯绳替代竹木）纵向排在横木之上，形成 1 个 6 米 ×（60 ～ 120）米的香港牡蛎养殖栅架，然后在栅架两端下 4 根拉力绳稳定栅架（部分栅架无须此设施）。栅架高程：栅架面在低潮线下 100 ～ 150 厘米处，视海区水深和潮汐情况而定。经中间培育的牡蛎，按照每 30 ～ 40 厘米间距吊挂，一般每亩（珠海地区植桩 25 根）吊挂 600 ～ 800 串。为保护桩木和横木的耐用性，通常以纤维编织材料（编织袋或聚乙烯地膜）缠桩。工作人员可站立在栅架上工作，但此养殖模式中长时间工作体力消耗大，工作安全性差；且因栅架只有潮位较低时才能露出排面，给日常操作和管理带来不便。

◆ **延绳养殖**

总体上与中国太平洋牡蛎、福建牡蛎养殖无多大差异，不同点在于南海区域风大浪急，且由于香港牡蛎养殖周期长、个体大、绳子承重多，因此延绳的结实性需要加强。根据海况，浮梗、锚梗均采用聚乙烯绳，绳直径不少于 3 厘米，浮梗长 50～80 米。锚梗长度约为大潮满潮时水深的 3 倍。浮子采用塑料浮球或网袋泡沫球，浮球约 2 米 / 个。该养殖法特点抗风浪能力强，成本低；但吊挂操作不便，需占用船舶资源多，工作全程离不开船舶，需要劳动力多。

◆ **浮筏式养殖**

浮筏式养殖材料以竹子为主，浮子通常选用胶质化工桶、铁皮桶（实际为合金材料）或者网套泡沫圆柱。筏大小规格无固定模式，广东、广西不同地区差别较大。广东珠海浮筏养殖的主要优点：方法简易、操作方便，此养殖模式下，工作人员可以长时间站立在浮排上面，且操作不受潮高影响，工作效率高；主要缺点是筏身抗风浪能力差，使用寿命较短。

香港牡蛎养殖可从 3 个方面迎接挑战：逐步实现标准化，保证产品质量；逐步利用机械化生产替代部分人工劳动；发展提供差别化产品供应的养殖技术。

牡蛎养殖基地

菲律宾蛤仔养殖

菲律宾蛤仔养殖是指在人工可控环境条件下，将菲律宾蛤仔稚贝培养至商品规格成贝的过程。菲律宾蛤仔分布于中国、日本、韩国等国家，后来也被引入北美和欧洲国家。主要采用滩涂养殖和浅海底播增养殖的方式。

菲律宾蛤仔养殖区域以风浪小、水流畅通、有少量淡水注入的区域为佳。潮间带养殖的区域应选择退潮后干露时间不超过 2～4 小时的中、低潮区。底质为沙泥底，沙含量在 70% 以上。在中国山东、辽宁等北方海区菲律宾蛤仔养殖模式以滩涂养殖和浅海底播养殖为主；在福建等南方海区，还采用围塘养殖或与对虾混养等方式。菲律宾蛤仔养殖池塘面积 50～100 亩不等，池塘底部为沙泥质，含沙率 60% 以上。

在潮间带滩涂养殖区域，播苗前应对滩面进行整理，翻松、整平滩面。一般在春、秋两季播苗，每亩海区投放 1～2 厘米的蛤仔苗种 400～600 千克不等。蛤仔苗种投放到海区养殖后，应随时监测苗种生长和存活情况，苗种密度不理想的区域要及时补苗。密度过高的养殖区域，要进行稀疏移养，提高苗种生长速度。根据蛤仔投苗规格和生长速度，1～2 年可达商品规格。

池塘养殖投苗前应对池塘进行整理、消毒和肥水，使水体保持浅茶色或浅绿色。放苗时间一般在春季，便于与对虾等混养。蛤仔池塘养殖投苗密度一般为 300～600 粒 / 米^2。养殖期间要通过施肥或纳水控制塘内水色，保持饵料供应。

围塘养殖应定期检查和清除敌害生物。收获方法一般采取挖拣、翻滩等方式。

菲律宾蛤仔养殖投入低、产出高、养殖周期短、适应性强、适于高密度养殖、产品市场销路好，是中国贝类养殖的主导种类之一。发展前景广阔。

缢蛏养殖

缢蛏养殖是指在人工可控环境条件下，将缢蛏从苗种培育至商品规格的过程。

缢蛏适合在西太平洋沿岸的中国、日本、韩国及朝鲜等国养殖，适宜的海水盐度 8 ～ 32，适宜的温度 5 ～ 28℃，适宜底质为泥质。选择滩面平缓、涂质稳定、敌害生物少、泥质或泥沙质的高潮区下部至低潮区上部涂面，或利用通过陡闸能自然纳潮的陆基泥底质海水池塘养殖。

缢蛏养殖主要包括滩涂筑坝蓄水养殖和陆基池塘养殖。滩涂筑坝蓄水养殖主要在潮间带构筑塘和畦，以天然的浮游植物或有机碎屑作为饵料。陆基池塘养殖通常采用与虾、蟹（或鱼）混养模式，利用人工施肥或虾蟹饲料培肥。

滩涂筑坝蓄水养殖需在滩涂构筑四周坝高 0.5 ～ 0.6 米、基宽 3 ～ 5 米的养殖塘，塘内中央滩面建成顺潮流方向成排的长畦，畦宽 4 ～ 5 米，畦和畦之间以沟相隔。苗种放养时间为每年的 2 月下旬至 5 月上旬，放养前进行整涂、除害。苗种放养密度为规格 3000 ～ 4000 粒 / 千克的苗种，放养以 650 ～ 700 粒 / 米² 为宜，规格越大，放养密度适当减少。养殖管理主要为定期干露、清除敌害，并定期将畦沟里富含底栖硅藻的上层薄泥盖在畦田上。

　　陆基池塘养殖主要采取缢蛏与虾、蟹、鱼或其他贝类混养的方式。池塘结构包括中央滩面与环沟，设有独立的进排水口，可纳潮进水。滩面蓄水深度 0.5～1 米，沟深 1.5 米左右。中央滩面建成顺流方向成排的长畦，畦宽 5 米左右，畦和畦之间以宽 0.5 米的浅沟相隔。若缢蛏与蟹混养，需在放苗后，用网孔 2～2.5 厘米的聚乙烯网盖在蛏畦上，再在网上覆盖薄泥 2～3 厘米。为降低捕捞难度，也有采用在滩面下 40 厘米处铺设孔径约 0.5 厘米的聚乙烯筛网，以阻止缢蛏钻潜过深。苗种放养前进行清塘、整涂、消毒和除害工作，并施放肥料培养基础饵料。缢蛏实养面积宜为池塘总面积的 15%～30%，可采取畦田轮作方式。放养密度以规格为壳长 1.5～2.0 厘米的苗种 250～350 粒 / 米² 为宜。

　　缢蛏养殖具有生长快、周期短、产量高等特点，且市场需求量大、价格高，具有良好的发展前景。

螺类养殖

　　螺类养殖是指在人工可控环境条件下，将螺类从商品苗培养至商品贝的过程。中国养殖螺类中，具备产业化规模的养殖种类主要有鲍和东风螺。脉红螺养殖研究始于 20 世纪 90 年代，截至 2018 年底，正处于产业化推广阶段。

◆ 皱纹盘鲍养殖

　　皱纹盘鲍养殖主要包括浅海筏式养殖、底播增养殖和工厂化养殖 3 种方式。浅海筏式养殖和底播增养殖宜选择在水流畅通、水质清新、海藻丛生的岩礁地段，低潮时水深 10 米以上，水温 3 ～ 28℃，盐度为 30 ～ 34，无工业污染源，附近无淡水流入，底质以底泥最好，泥沙底次之，避风条件较好的海区。其中，底播海区透明度不小于 2 米。海区长有野生海藻，如海带、裙带菜、石花菜、鼠尾藻等。

◆ **方斑东风螺养殖**

方斑东风螺养殖主要包括滩涂围网养殖、池塘养殖和工厂化养殖 3 种方式。

滩涂围网养殖

一般选择风浪小、潮流畅通、饵料丰富、无污水注入、敌害生物较少、水温 22℃ 以上、盐度为 25 ～ 33、pH8.0 ～ 8.4 的滩涂开展围网养殖。采用网片进行围栏养殖，围网比潮位至少高出 0.5 米，网目按所放养的东风螺的大小而定，筛网埋在滩涂表面以下的深度应在 20 厘米以上，以防止方斑东风螺潜沙逃走。日常管理有投喂鱼类、虾类、蟹类、贝类、头足类、多毛类等饵料，每 5 ～ 7 天投饵 1 次。围网安置后应在涂面上清除敌害生物。

池塘养殖

池塘养殖多用土池或者水泥池。土池放养前应提前进行消毒、晒池。进水应通过闸网过滤，减少敌害生物进入养殖池。水温 22℃ 以上，盐度为 25 ～ 33，pH8.0 ～ 8.4。日常管理有：保持水质相对稳定，潮间带土池应尽可能利用每月 2 次的大潮期进行大换水改善水质，而水泥池养殖日换水量约为 1/3；饲料每日早晚投喂杂鱼肉、贝肉或虾肉等，饲料投喂前应去除骨、壳后用绞肉机或手工剁碎；养殖水深 60 ～ 100 厘米。病害防治主要通过投施光合细菌、加强水质管理、合理投喂饵料等来达到病害防治目的。

工厂化养殖

养殖工厂宜选址在水温22℃以上，盐度为25～33，pH8.0～8.4，进排水方便，底质以沙质、沙泥质或礁质为好，水质清新，海水理化因子稳定的区域。养殖池高80～100厘米为宜，池上方及四周挂上95%的遮阳网，在池底铺上干净、松软、颗粒适当的沙层。沙粒颗径为0.1～0.3毫米，沙径与螺壳高成正比例增长。螺苗投放规格为壳高1厘米以上。壳高为1～2厘米时放1200～4000粒/米²，2厘米以上放800～1200粒/米²。日常管理主要有：投喂鱼类、虾类、蟹类、贝类、头足类、多毛类等饵料，蟹肉最优；每日投饵1～2次，投喂2～3小时后捞净残饵；全天流水充气，每天加换池用水量1.5倍；沙层5～7天冲洗1次，沙层发黑需倒池换沙。

◆ **脉红螺养殖**

脉红螺的养殖主要包括人工鱼礁区养殖、浅海筏式养殖和滩涂围网养殖3种方式。一般选在风浪小、潮流畅通、无污水注入、敌害生物较少，大潮期低潮时水深为1～30米，水温5～28℃，盐度为25～35，pH7.9～8.3，水质透明度较高，底质以砾石或较硬的泥沙质为主的海区。其中人工鱼礁区养殖大潮期低潮时水深为1～30米；而滩涂围网养殖则需要大潮期低潮时水深为0.1～0.5米，大潮期高潮时水深为1～3米，流速10～40厘米/秒的海区。

人工鱼礁区养殖

人工鱼礁类型主要包括石块礁、水泥构件礁、船礁等。人工鱼礁区养殖范围严格限定于人工鱼礁区内，严禁在双壳贝类增养殖区内进行脉红螺增养殖。人工鱼礁区应有丰富的牡蛎、蛤仔、贻贝等双壳贝类作为脉红螺饵料。在温度为 10 ～ 25℃ 时均可投苗。投苗密度应依据投放地点的底质和饵料数量不同而定，一般情况下为 2 ～ 4 粒 / 米^2。日常管理主要有潜水员定期监测脉红螺生长和死亡情况。体重不高于 12 粒 / 千克时即可采捕。

浅海筏式养殖

养殖设施由浮绠、浮漂、固定橛、橛缆、养殖笼等部分组成。严禁使用有毒材料。划分海区并确定位置，留出航道，行向与流向成垂直布置，行距 10 ～ 20 米，笼间距为 0.5 ～ 0.7 米，一根 60 米的浮绠可挂 80 ～ 100 笼。养殖笼最上层距水面 1 ～ 2 米。直径 30 厘米的养殖笼每层放 3 ～ 5 粒。投喂贻贝等低值双壳贝类，每 20 ～ 30 天投饵 1 次，脉红螺与饵料湿重比为 1：（15 ～ 20）。日常管理工作有：及时清除敌害生物和刷洗附着物，查清养殖海区的藤壶、牡蛎等的产卵和附着时间及其幼虫垂直分布和平面分布，尽量避开藤壶和牡蛎附着高峰期进行倒笼等生产操作；附着生物大量附着季节，应适当下降水层；大风浪来临前，应将整个筏架下沉，以减少损失；随着脉红螺的生长，体重增加，应及时增补浮漂，防止筏架下沉，使浮漂保持在水面将沉而未沉状态。体重不高于 12 粒 / 千克时即可收获。

滩涂围网养殖

围网设施一般为方形或圆形，由尼龙网、支撑杆和沙袋等组成。尼龙网孔径需根据脉红螺苗种规格大小设定，以脉红螺不能逃逸为准，一般不高于 1 厘米。围网面积一般为 5 ～ 50 平方米，围网高度应高于大潮期高潮时水面 30 厘米以上。温度为 10 ～ 25℃ 时均可开始养殖，养殖密度一般为 5 ～ 20 粒 / 米^2。日常管理有：投喂蓝蛤、贻贝等低值双壳贝类，每 7 天左右投饵 1 次，脉红螺与饵料湿重比为 1 ∶（1 ～ 2）。定期检查脉红螺生长和死亡情况，定期检查围网破损及脉红螺逃逸情况。体重不高于 12 粒 / 千克时收获。

皱纹盘鲍养殖

皱纹盘鲍养殖是指在人工可控环境条件下，将皱纹盘鲍从稚贝养殖至商品规格成贝的过程。

皱纹盘鲍养殖有多种模式，包括潮间带养殖、陆地集约式水泥池养殖和海区吊养。其中，陆地集约式水泥池养殖应用较少，且与杂色鲍养殖类似。

皱纹盘鲍的潮间带养殖适用于位于低潮线以上，中潮线以下的岩礁底潮间带岩礁型底质海区。一般水质清澈，水流湍急。可选择潮间带筑池进行杂交鲍的底播生态养殖。由于潮间带养殖池进排水方便及饵料生物丰富，养殖效率较高。

皱纹盘鲍海区吊养海区应选在内湾或风浪较小的海域，该模式要求海区水流速较大，海区饵料生物丰富，更重要的是吊养海区要有避台风的能力，一般于山岛环绕之中。在中国，水源水质需要符合 GB 11607—89 渔业水质标准。养殖海区应不受工农业及生活污水的污染，受淡水影响小，潮流通畅，水质清澈，水温在 10 ～ 32℃，水深在 5 米以上。

皱纹盘鲍的潮间带养殖由中国青岛、长岛等海区发展而来，潮间带鲍养殖池形状不限，一般由水泥石块构建，作为鲍的附着基和饵料生物的附着基，每亩投石 250 ～ 300 立方米。适养苗种规格为 3 厘米以上，放养于大型海藻（海带、裙带菜和石莼）繁盛的养殖池内或四周筑池的自然海区海底。放养密度一般以每亩 1 万～ 2 万粒为宜。饵料主要为天然饵料，如裙带菜、孔石莼等。要经常清理死亡鲍和海星、蟹等敌害生物，进入冬季时要经常清理向海一侧池壁附近的鲍。养殖池在放养鲍前要提前养水，使其饵料生物得以充分的繁殖和生长。

皱纹盘鲍的海区吊养又分为两种，一种为筏式吊养，该模式所用的筏架由 4 根木板扎成 1 个（4 ～ 6）米 ×（4 ～ 6）米的框架，每个框架上横架 6 ～ 10 根竹条，每个竹条上挂 6 ～ 8 串鲍鱼笼，为福建等海区广泛采用。另一种为延绳式吊养，延绳长度约为 80 ～ 100 米，每两根延绳间距 4 ～ 5 米，延绳上每隔 1 ～ 2 米悬挂 1 个泡沫浮球，浮球下悬挂养鲍容器，吊养深度为 80 ～ 200 厘米，可根据季节及需要，调节吊养的水深。这种方式抗风浪较强，适宜在风浪较大的海区使用。皱纹盘鲍的海区吊养常用的养殖容器有鲍鱼养殖盆、黑色聚乙烯塑料养殖笼以及套网塑料板等。饵料主要以江蓠、龙须菜和海带为主，每 5 ～ 7 天投饵 1 次，投喂时间和投喂量根据季节、水温不同而调整，投饵时注意清除粪便、杂质和残饵。结合投饵及时拣出死鲍鱼。海区养鲍还要做好养殖台架、养殖箱等设施器材的安全检查与维护，要经常洗刷污泥，疏通水流，可采用人工摘除、高压水枪冲刷或更换容器等方法及时处理附着生物，并注意清除螃蟹等敌害生物。

与陆地集约化水泥池养殖模式相比，皱纹盘鲍的海区吊养具有成本低、操作方便等特点，但容易受台风、赤潮和附着生物等影响，养殖风险较高。

杂色鲍养殖

杂色鲍养殖是指在人工可控环境条件下，将杂色鲍从稚贝培养至商品规格的过程。

杂色鲍养殖以陆地集约式水泥池养殖和海区吊养两种方式最为普遍，其中海区吊养与皱纹盘鲍养殖相类似。这里主要介绍杂色鲍的陆地集约式水泥池养殖。

杂色鲍的陆地集约式水泥池养殖场地一般选择在离高潮线50～300米的沿海陆地，远离污染源、水源充足、交通工具便利、电力充足的地方。附近没有工业污染源，同类型养殖场的直线距离应在1千米以上，相距较近的两场须设同方向、同位置的进排水口。无较大的淡水河流流入海区，海水清澈，养殖场取水处底质为沙或沙砾，易于挖沙井取沙层过滤水。养殖用水经沉淀、多级过滤、生物净化处理。在中国，水源水质应符合 GB 11607 的规定，养殖水质应符合 NY 5052 的规定，盐度不低于 28，温度不低于 10℃，最高不超过 32℃，pH 为 7.6 ～ 8.4，溶解氧大于 5 毫克 / 升。

杂色鲍陆地集约式养殖水泥池规格一般为长（6 ～ 7）米 × 宽 3 米 × 深（0.95 ～ 1.8）米，池壁厚 24 ～ 30 厘米，池底向排水口一端倾斜，坡度 2% ～ 7%。在养成池区四周竖立水泥柱，以钢筋拉遮光网盖顶。供排水系统包括抽水设备、沉淀池、过滤池、贮水池及供排水管道等。日供排水能力的设计应达到育苗水体总量的 10 倍左右，供气系统配置为鼓风机。在使用方法上采用黑色塑料养殖笼，规格一般为 40 厘米 ×30 厘米 ×10 厘米，6 面均有 1 ～ 2 厘米方形或圆形小孔，正面为活动门，供清笼和投饵、投苗用。以 6 ～ 12 笼为 1 串捆扎好立于水池中。笼盖离水面 20 ～ 30 厘米，排与排之间预留 70 厘米工作道，使用前同池一起用消毒剂消毒、清洗。在作业方式上，放养密度依苗种规格而定，日常管理饵料以江蓠、龙须菜为主，日投放量为鲍体重的 10% ～ 20%。在适宜水温范围内，一般 3 ～ 4 天投饵 1 次，每次投足相应天数的饵料。在高温时，因饵料容易腐败，可适当缩短投饵周期。每天观测水温、盐度，定期对鲍的生长进行监测，发现异常情况，应及时进行处理。

杂色鲍的陆地集约式水泥池养殖从中国福建等南方海区发展而来，因其在夏季培育过程中可规避海上环境条件波动、赤潮及台风等极端性气候事件而具有一定优势和发展前景。但由于该种方法在水处理、抽水充气以及劳动力方面的投入较大，具有一定局限性。

海水棘皮动物养殖

海水棘皮动物养殖是指选用成熟且性状良好棘皮动物，在人工刺激（如提高温度等）条件下进行排精排卵并完成受精，控制水温至适宜温度，受精卵分裂，经两细胞期—细胞期—囊胚期—原肠胚—耳状幼虫—樽形幼虫—五触手幼虫—稚棘皮动物等，发育为幼棘皮动物过程中所采用技术的统称。

◆ 简史

海参人工育苗多以刺参为主。刺参人工育苗始于 1937 年，日本稻叶师三郎在刺参人工授精技术上培育出少量大耳幼虫。中国张凤瀛、吴宝铃等于 1954 年开展刺参人工授精初步研究，并于 1958 年左右成功在池塘中培育出刺参苗种。1977 年，日本福冈县丰前水产试验场在 1 立方米水体中培育出 7.5 万头稚参，而早在 1974 年，陈宗尧等开展了刺参苗种繁育工作，并于 20 世纪 70 年代末基本掌握刺参苗种繁育技术。同一时期，中国南方也有了糙海参人工育苗获得成功的报道。到 80 年代中期，辽、鲁两省刺参苗种大规模培育取得成功标志着中国刺参人工养殖技术已基本建立，形成一套相对完善的苗种生产流程。

海胆人工育苗多以虾夷马粪海胆、光棘球海胆和紫海胆为主。日本佐贺县栽培渔业中心自 1976 年开始对红海胆、马粪海胆进行苗种生产研究，并获得了一定数量的幼海胆。中国于 1989 年从日本引进虾夷马粪海胆，经驯化已逐步适应中国北方海域环境，在辽宁和山东等地已形成一定的养殖规模。光棘球海胆于 1989 年首次育苗成功，而紫海胆人工育苗开展较晚，大约在 1999 年。

◆ 养殖种类

棘皮动物门内各类生物外观差别很大，相关生物包括海星、蛇尾、海胆、海参、海百合（如羽毛星）等，其中已被开发利用的经济种类主要为海参、海胆等。棘皮动物人工养殖主要集中于海参，如刺参、糙海参、梅花参等；以及海胆，如虾夷马粪海胆、光棘球海胆、紫海胆等两大类。

◆ 养殖区域

棘皮动物养殖需根据不同种类选择不同地理区域。如在中国，刺参、虾夷马粪海胆养殖多集中于北方沿海地区（如辽宁大连沿海等地），而糙海参、紫海胆养殖多集中于南方沿海地区（如广西北部湾沿海等地）。海参、海胆人工育苗主要集中于中国、日本两国。

海星

◆ 技术

棘皮动物养殖前应对目标海区进行详细调查，包括常年水温变化、水质情况等，选择适宜其生长、繁殖的海域。随着人们生活水平的提高，海参、海胆需求量越来越大。

羽毛星

海参养殖应选用成熟且性状良好的亲参，在人工刺激（如提高温度等）条件下进行排精排卵并完成受精，控制水温至适宜温度，受精卵分裂，经两细胞期、细胞期、囊胚期、原肠胚、耳状幼虫、樽形幼虫、五触手幼虫、稚参等过程，发育为幼参。一般在小耳幼虫期刺参便开始摄食，此时便开始选用适宜饲料进行投喂，不同时期应及时变更饲料以适宜海参生长发育需要。在五触手幼虫时期便应向养殖水体投放附着板以使幼虫充分附着。

海胆养殖首先应选用成熟且性状良好的亲海胆，采用人工方法（如适当提高温度、注射氯化钾等）诱导亲体排精产卵，充分混合海胆配子以使其充分受精，控制培育密度并将水温调制适宜温度，受精卵经棱柱幼体、四腕幼体、六腕幼体、八腕幼体、稚海胆等过程，发育为幼海胆。海胆浮游幼体期选用适宜饲料进行投喂并保持良好水质，保证海胆幼体健康生长发育。

海参、海胆市场价格高，具有很高的养殖经济效益。海参、海胆养殖业已在中国广泛开展，科学家也开始关注因过度发展而引起问题的解决方案，如工厂化养殖排放的废水对自然海区污染的防治问题。

海蜇养殖

海蜇养殖是指在人工控制环境条件下，使得海蜇繁殖生长至商品规格的过程。

◆ 养殖背景

海蜇的人工育苗早于 20 世纪 80 年代，海蜇池塘养殖 21 世纪初期开始。海蜇头、海蜇皮是脍炙人口的海鲜食品,位居"海产八珍"之一,兼有多种药用及保健的功效,中国人食用海蜇有数千年历史。中国沿海地区常见的食用类水母有海蜇、黄斑海蜇、叶腕水母、拟叶腕水母和沙海蜇 5 种,其中海蜇、黄斑海蜇皆可进行人工的苗种培育生产,但只有经济价值较高的海蜇得以进行规模化的商业人工养殖生产。

◆ 养殖条件

海蜇是一种巨型浮游动物,其游泳方式为收缩伞部喷射水流缓慢前进,因而不能后退,具有游泳能力差、娇嫩易受伤害等特点,以及昼夜垂直迁徙的习性。因此,海蜇养殖生产的池塘与其他种类略有不同,需要进行特殊处理:水深通常大于 1.5 米以便于海蜇的昼夜垂直迁徙;池塘周围需要设置拦网防止海蜇搁浅,并及时巡塘防止海蜇在下风处聚集和搁浅;池塘底部应当平整以防止海蜇受伤。海蜇养殖生产对水质条件要求不是非常苛刻,水温 16 ~ 30℃,最适水温 20 ~ 28℃;适宜盐度 8 ~ 35,最适盐度 20 ~ 30;pH 为 7.5 ~ 8.5;溶解氧 4 毫克 / 升以上;氨态氮 0.2 毫克 / 升以下。一般的海水池塘皆可满足养殖水质要求。

海蜇养殖生产的特点在于其生长极迅速,因而生产周期短、见效快、成本低、效益高,条件合适、饵料供应充足情况下,伞径 5 厘米以上的苗种 50 天左右即可达体重 5 千克以上的商品捕捞规格。通常采取轮捕轮放的方式,中国北方海域(如辽宁省)6 ~ 10 月份可以轮捕轮放 3 茬,南方海域水温适合海蜇养殖生产的周期更长,效益更高。

◆ 养殖模式

海蜇养殖模式有大水面港塭养殖、海湾滩涂围网养殖、海水池塘养殖等多种方式。由于海蜇单独养殖产量不甚高，常与鱼类、贝类、海参、虾蟹类进行池塘混合养殖。海蜇主食浮游动物，且食量巨大、食性贪婪。因此，养殖生产不宜放苗量过大，以免饵料供应不足导致海蜇饥饿、消瘦、死亡解体。养殖上也常常泼洒投喂豆浆、鱼糜、粉碎豆粕等人工饵料，也有较多的海蜇配合饲料研究与报道，但实际上作为一种浮游动物海蜇能够摄食到水体中悬浮人工饵料的比例甚少，所投喂饵料更多作用在于肥水和促进浮游动物饵料的生长，因此海蜇养殖放苗量不宜过高。养殖生产中通常采用伞径 5 厘米以上的大规格苗种，放苗量通常为 200 ～ 300 只 / 亩，放苗量反比于海蜇苗种规格大小。

◆ **养殖前景**

中国是世界上唯一进行海蜇增养殖的国家，21 世纪早期养殖面积在 15 万亩左右，以亩产 200 千克计，估计全国海蜇养殖年产量为 3 万吨。加上海蜇苗种生产、海洋捕捞及其他食用水母类捕捞、加工等环节，海蜇养殖具有良好的发展潜力。

海参养殖

海参养殖是指在人工可控环境条件下，将海参受精卵逐渐发育而成的稚参培育至商品规格的过程。全世界有食用价值的海参约 40 种，中国出产 20 多种，如刺参、糙海参、黑乳参和

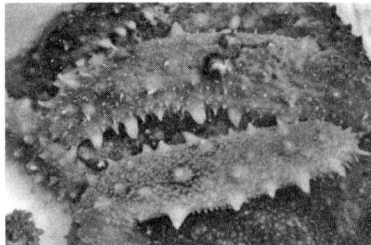

刺参

梅花参等。中国海参养殖以刺参、糙海参为主。

　　选用成熟且性状良好海参亲参，在人工刺激（如提高温度等）条件下进行排精排卵并完成受精，控制水温至适宜温度，受精卵分裂，经两细胞期、细胞期、囊胚期、原肠胚、耳状幼虫、樽形幼虫、五触手幼虫等过程，发育为稚参。一般在小耳幼虫期刺参便开始摄食，此时便开始选用适宜饲料进行投喂。在五触手幼虫时期便应向养殖水体投放附着板以使幼虫充分附着。不同时期应及时变更饲料以适宜海参生长发育需要。

　　海参主要养殖种类中，刺参多在中国北方海域（辽宁、山东和河北沿海）养殖，而糙海参多在南方沿海（广西沿海）。不同种类海参的养殖方法及作业方式略有差异。刺参养殖方式主要有池塘养殖、围堰养殖、工厂化养殖、底播增养殖等。以刺参池塘养殖为例，可通过肥水、投喂人工配合饲料等方法及时补充优质饵料，定期清理池塘底质，保证一定的池塘水日交换量。

　　糙海参养殖方式多为池塘养殖、网箱养殖、围堰养殖等。以糙海参围堰养殖为例，可依据围堰区自然条件调整围堰高度，保证水交换能力及不受大风浪的影响；内

海参养殖池

设附着基，并在围堰周围设置防逃网，及时清理敌害生物。

　　海参肉质软嫩，营养丰富，是典型的高蛋白、低脂肪食物。随着人们生活水平的提高和对海参营养药用价值的认可，市场对海参的需求量的增加刺激了世界范围内海参资源的采捕，致使海参资源衰退严重。但海参室内养殖模式的盛行使其产量快速提高，而养殖规模的扩大与市场需求的波动引起的价格起伏，对养殖户会有一定风险。

刺参养殖

刺参养殖是指在人工可控环境条件下，将刺参由稚参培养至商品规格的过程。刺参的人工繁育和养殖技术在 20 世纪 80 年代中期取得突破，在 21 世纪初开始快速发展。自 2001 年开始，每年以约 30% 的速度迅速扩大规模，并很快成为单一品种产值最高的海水养殖物种。《2020 中国渔业年鉴》统计数据表明，2019 年中国刺参养殖总规模超过 24.67 万公顷。

刺参喜栖居在波流静稳、海藻丰茂、无淡水注入的岩礁或硬底港湾内，属狭盐性动物，适宜海水盐度 28 ~ 32。刺参主要摄食沉积于海底表层的泥沙、有机碎屑、细菌、底栖硅藻等。

中国辽宁沿海刺参养殖规模最大。中国刺参养殖方式主要有池塘养殖、围堰养殖、工厂化养殖和浅海底播增养殖等。池塘养殖可通过肥水、投喂人工配合饲料等方法及时补充优质饵料，定期清理池塘底质，保证一定的池塘水日交换量。刺参围堰养殖主要利用人工设施在潮间带建立围堰，利用海水自然涨落进行海水交换，且可随时投放饵料，刺参生长较快，产量、品质均较高。刺参工厂化养殖主要包括亲参培育、人工诱导产卵、稚参养成 3 个阶段，用以为池塘养殖、底播养殖等养殖方式提供充足、高质的海参苗种。刺参底播增养殖是把人工培育的苗种直接撒播到海底，任其在海底自然生长 2 ~ 3 年以上，通过潜水员采捕，其间不投放任何饵料和药物，因此最接近自然状况，可与野生刺参相媲美。刺参养殖品种主要有刺参"崆峒岛 1 号"、刺参"水院 1 号"等，养殖过程需注意预防刺参真菌病与刺参细菌病等。

刺参除加工成干海参外，还可制成罐头。其分布广、产量大，是具有发展前途的海水养殖对象之一。当前，中国大陆地区刺参产品来源几乎全部为人工增养殖。另外，与传统的鱼、虾、贝养殖产业相比，刺参养殖业是单一品种中产值最大、经济效益最高的养殖种类。

糙海参养殖

糙海参养殖是指在人工可控环境条件下，使糙海参繁殖并培养稚参至商品规格的过程。市场上糙海参大多为采捕于海区的自然生长糙海参，中国在糙海参人工育苗和增养殖方面的研究报道较少，而澳大利亚和印度等国家已在糙海参的人工育苗方面取得了成功，并逐步形成规模化产业。

糙海参养殖适应温度和盐度范围较广，温度 16 ～ 35℃，盐度 20 ～ 40。主要栖息在水深 20 米以内的浅海，生活于岸礁边缘及潮流强和海草多的沙底，摄食混杂腐殖质的泥沙和礁石上附着的有机碎屑、藻类。中国广西沿海，尤其是北部湾海域温度等条件良好，是潜在糙海参养殖区域。

在中国，糙海参育苗处于起步阶段，养殖方式有池塘养殖、网箱养殖、围堰围网养殖及混合养殖等。越南糙海参人工养殖较为成功，主要有土池、海底网笼、网袋和网箱等养殖方式和虾参混养模式。池塘养殖时宜选择水质清澈、潮汐畅通、无淡水注入、藻类丰富的区域，以沙泥底质为最佳。围堰围网养殖时宜在近岸的浅礁或浅滩地区，通过人工围墙或围网圈定自然海域，将参苗置于半自然环境下养殖；养殖区域选择近海底质为泥沙或岩礁、水质较好、自然沉积物丰富、无淡水注入、水深不超过 1.5 米的海域。网箱养殖时宜通过网箱限制海参的活动范围，主要依靠自然海区天然饵料的海参养成技术；养殖地应该选取风浪小、无淡水注入的海区，根据海参规格和网箱大小确定合适的放养密度。

糙海参是一种营养价值较高、食疗兼得的海洋食品。糙海参个体较大，体宽 10 ～ 20 厘米，体长 30 ～ 40 厘米，属于经济价值很高的优质食用海参。在香港的海产品交易市场上，糙海参的干参是交易量最大的海参品种，是南方热带海参中具有开发潜力和出口前景的品种。

海胆养殖

海胆养殖是指在人工可控环境条件下，将海胆幼体培养至商品规格的过程。海胆中已被开发利用的经济种类主要有虾夷马粪海胆、光棘球海胆和紫海胆。

海胆主要养殖方式为浮筏吊笼养殖和海区底播养殖。海胆筏式养殖选择水流清澈、盐度高、无工厂污染、淡水径流小、浮泥少、水深 10 米以上、冬季无冰冻、易于设置浮筏的海域。海胆海区底播养殖需要选择无淡水注入、潮流畅通、大型藻类生长繁茂、底质为沙砾并夹杂有岩礁的海区为佳，岩礁少的海区需进行人工造礁，增加海胆的栖息场所。

海胆筏式养殖模式中，将装有海胆的网箱或网笼吊养在浮筏上，网箱规格为 2.0 米 ×1.3 米 ×1.3 米，每箱养 1 厘米的海胆 2 万个左右，投喂饵料以海带为主。用 2 个 56 厘米 ×36 厘米 ×18 厘米的塑料箱扣在一起使用，投喂饵料也是以海藻类为主。网笼有 2 种可供选择：鲍养殖网笼直径为 60 厘米，共 12 层；贝养殖网笼直径为 33 厘米，12～15 层。海胆底播养殖模式中，在海藻茂盛的区域进行海胆苗种投放，壳径 10～15 毫米的海胆苗底播密度为 4～5 个 / 米²，投放 18～24 个月后即可达商品规格，并进行采捕，回捕率一般为 40%～50%。

海胆的生殖腺可生吃或加工后食用，在日本、中国、法国等国家备受欢迎。海胆养殖经济效益高，因此其养殖业成为特色海珍品养殖的代表产业之一。

紫海胆养殖

紫海胆养殖是指在人工可控环境条件下，将紫海胆繁殖并培养至商品规格的过程。紫海胆属于海胆纲拱齿目长海胆科一种，俗称海胆、细刺海胆。在中国分布于浙江、福建、台湾和海南等沿海地区，是中国重要的海胆养殖种类之一。

紫海胆养殖海区以生长水温 15～30℃，盐度 25～30 为宜。养殖区的大型藻种以马尾藻、裙带菜、羊栖菜、石花菜等为佳。适于海区底播增殖和浮筏吊笼养殖。

紫海胆底播增殖需要选择无淡水注入、潮流畅通、大型藻类生长繁茂、底质为沙砾并夹杂有岩礁的海区为佳，岩礁少的海区需进行人工造礁，增加海胆的栖息场所。养殖中，在海藻生长茂盛的岩礁底质海域播苗，投苗密度为壳径 10～15 毫米 4～5 个 / 米²；投放 18～24 个月后的个体可达商品规格并进行采捕，回捕率一般为 40%～50%。

紫海胆浮筏吊笼养殖需要选择潮流畅通、水质清澈、避风条件好、水深超过 5 米、盐度超过 25 的海区为佳。紫海胆浮筏吊笼养殖设施可利用栽培海带的方框筏作为养殖浮筏，可利用吊养鲍类的塑料笼作为养殖笼，每个笼分 4 ～ 5 层，养殖时把吊笼挂在浮筏下；每 2 ～ 3 天投放 1 次海藻，每次投放量为 500 克左右；壳径 20 ～ 30 毫米的海胆苗，养殖 8 个月后，壳径长至 50 ～ 60 毫米，达商品规格，成活率为 80%。

紫海胆为食用海胆类，可食部分为生殖腺，称海胆膏。海胆膏营养丰富，美味可口，有很好的滋补、强身健体的作用。紫海胆罐头食品在中国市场上是高级的名贵食品，在国际市场上深受美国、日本及欧洲等国家消费者的喜爱。

光棘球海胆养殖

光棘球海胆养殖是指在人工可控环境条件下，将光棘球海胆繁殖的苗种培养至商品规格的过程。棘皮动物门球海胆属光棘球海胆是海洋里比较常见的一类无脊椎动物，也是中国海胆类中经济价值最高的土著种。产于西北太平洋沿岸，在中国主要分布在辽东和山东半岛以及渤海的部分岛屿，其生殖腺色泽鲜美，口感佳，是中国北方重要的出口海珍品。

光棘球海胆营底栖刮食生活，为食草性动物。通常栖息在海藻丰富的潮间带和礁石上，主要以海洋大型藻类为食。光棘球海胆养殖对水质要求较高，适宜养殖温度为 10 ～ 20℃。

光棘球海胆一般使用筏式或底播模式养殖。筏式养殖模式中，将装有光棘球海胆的网箱或网笼吊养在浮筏上，可利用吊养鲍类的塑料笼作为养殖笼,每笼分 4 ～ 5 层,养殖时将吊笼挂在浮筏下;每 2 ～ 3 天投放 1 次海藻,每次投放量为 500 克左右;投喂饵料以海带为主。网笼有两种:一种是鲍养殖网笼,直径为 60 厘米、共 12 层;另一种是贝类养殖网笼,直径为 33 厘米、12 ～ 15 层。

海区底播养殖需选择无淡水注入、潮流畅通、大型藻类生长繁茂、底质为沙砾并夹杂有岩礁的海区为佳,岩礁少的海区需人工造礁,增加海胆的栖息场所。在海藻茂盛的区域投放海胆苗种,壳径 10 ～ 15 毫米的光棘球海胆苗底播密度为 4 ～ 5 个 / 米^2。光棘球海胆也可以在海带等大型藻类养殖区底部养殖,此种复合养殖模式可大幅提高养殖效率与海区利用价值。

光棘球海胆具有很高的市场价值,其生殖腺被称为胆黄,可生吃或加工后食用,味美且营养丰富,有制酸止痛、化瘀消肿、阻止血栓形成的功效。

虾夷马粪海胆养殖

虾夷马粪海胆养殖是指在人工可控环境条件下,将虾夷马粪海胆苗种培养至商品规格的过程。

虾夷马粪海胆喜栖息于沙砾、岩礁地带 50 米以内浅水域,水深 5 ～ 20 米处分布较多。养殖时选择水清流畅、无工业污染和河流注入、浮泥较少、水深 10 ～ 50 米以内海藻繁茂的岩礁、卵石海底的海区。正常海区盐度均符合虾夷海胆养殖,海区水温在 −1 ～ 25℃ 可正常生长。虾夷马粪海胆养殖以筏式养殖方式为主。要求海区海藻自然生长繁茂,易于设置浮筏设施。利用扇贝养殖筏架就可进行虾夷马粪海胆养殖,养殖笼可选扇贝养殖笼或鲍养殖笼,以鲍养殖笼为好。养殖水层一般控制水深 4 ~ 5 米为宜,高温期水深控制在 6 ~ 8 米。

养殖密度根据养殖笼及虾夷马粪海胆苗种繁育的个体大小而定。养成期间视生长情况需要换 2 次不同规格网目的网笼。采用鲍笼的最终养成密度 60 ~ 65 枚 / 层,采用扇贝笼最终养成密度 10 ~ 12 枚 / 层为宜。饵料以藻类为主,采用鲜海带、裙带菜或马尾藻、石莼、浒苔做饵料。高温期间如果鲜菜不足,可用淡干海带做补充饵料。投喂饵料根据苗种个体大小、生长速度和水温升高的快慢灵活掌握,一般每 2 天投饵 1 次,高温期间饵料要少投、频投,投饵同时要清除笼内残饵,防止污染。海上生产采取单船定人管理。采用鲍笼养殖的台筏一般为单船 2 人可管理 10 ~ 12 行筏架,采用扇贝笼养殖的台筏可管理 8 ~ 10 行筏架。

虾夷马粪海胆生长快,个体壳径最大可达 10 厘米以上,生殖腺颜色鲜艳,呈橘黄色,出黄率高且营养丰富,是鲜食和加工海胆酱的主要原料;也可提取二十烷酸,价值高,养殖效益可观,具有良好的养殖发展前景。

海水藻类栽培

海水藻类栽培是指人类有目的地干预海藻的生长发育过程,使其高效吸收利用海水中的氮、磷营养盐和无机碳等,形成生物量,为人类提供食品及化工原料,同时改善海洋环境的过程。

藻类栽培的物种主要包括海带、龙须菜、紫菜、裙带菜、羊栖菜、麒麟菜、江蓠和马尾藻等。栽培时间、栽培海区和栽培方式因物种而异。

藻类栽培应根据栽培种类的不同选择在潮间带、潮下带或临近海边的池塘中进行。栽培海区中的盐度、海水流速、营养盐含量等应满足藻类生长发育的需求，同时要避免工业污染物的排入，以确保栽培海藻的质量和产量。藻类栽培还需注意病害的防控，如海水藻类真菌病、铜绿微囊藻病毒等。

藻类栽培方式主要有海上筏式栽培和池塘栽培两种类型。海上筏式栽培方法主要包括支柱浮动筏式栽培、半浮动筏式栽培和全浮动筏式栽培等。栽培筏架可固定于潮间带或潮下带，主要是通过在海底打入木桩或竹竿，形成固定支架，边缆绑上浮子，然后将苗绳或苗网张挂其上进行栽培。池塘栽培法指将海藻均匀撒入池塘底部，当藻体长到一定量时开始采收，同时留一部分作为种藻继续进行生物量扩增。该方法主要用于细基江蓠（繁枝变种）等海藻的栽培，优点是简单易行、成本低廉。

藻类种类繁多，但人工栽培藻类只有 10 种左右，很多藻类仍只能依靠采集野生资源来满足市场需求。因此，仍需进一步开发新的藻类栽培品种，完善栽培技术和方法。培育优良品种对经济海藻产业的健康可持续发展具有重要作用，特别是结合分子生物学育种手段，如基于全基因组的遗传育种、基于分子设计的精准育种等。

紫菜栽培

紫菜栽培是指根据紫菜生长发育规律及其对外界条件的反应，因地制宜地进行栽种和管理的过程。

中国紫菜人工增殖的历史悠久，可追溯到宋朝，但科学的紫菜栽培技术体系建立仅有 70 年左右的历史。

紫菜栽培有秋苗网栽培和冷藏网栽培两种方式。秋苗网栽培是将出苗后的苗网留在海区直接长为成菜，而冷藏网栽培将出苗后的苗网经阴干处理后低温冷藏，在适当的时间再将苗网出库进行海上栽培。冷藏网栽培的优点是可避开水温、气温回升等不利海况，并在苗网出现病害和老化时可及时更换。

除岩礁底质外，沙质、泥沙质及软泥滩海区均适宜紫菜栽培。紫菜在潮间带和深水区均可栽培，海区水质应含有丰富的营养盐，含氮量应超过 100 毫克 / 米 ^{3}，海水比重在 1.018 ~ 1.022 为宜，栽培海区宜选择在有一定风浪的地方，海水的流速一般为 20 厘米 / 秒左右。

中国有两个主要的紫菜栽培品种，分别是长江以北的条斑紫菜和长江以南的坛紫菜，两者的栽培方法基本相同。紫菜栽培方法主要有支柱浮动筏式栽培、半浮动筏式栽培和全浮动筏式栽培。支柱浮动筏式栽培是在潮间带滩涂上固定成排的木桩或竹桩为支柱，将网帘（苗网）悬挂于支柱上。此方式适于潮差较小的海区，干出的时间可根据潮水、挂网位置和吊绳的长短进行调整。半浮动筏式栽培由中国独创，适于潮差较大的海区。该方法在筏架上安装短支柱，涨潮时筏架漂浮在水面以充分吸收光能进行光合作用，退潮时筏架借助短支柱竖立在海滩上，确保紫菜有充足的干出时间。全浮动筏式栽培主要用于潮间带以下的深水海区，其筏架结构除没有短支柱外与半浮动筏式栽培的筏架基本相同，筏架始终漂浮在水中，网帘没有干出的过程，因此此种方法不利于紫菜藻体的健康生长，而且容易滋生杂藻。紫菜栽培过程中还需要防控紫菜真菌病的发生。

虽然中国紫菜产业发展迅速，适宜紫菜栽培的沿海地区均有紫菜产业，甚至扩展至深水区。然而，中国紫菜产业的快速发展基本是依靠栽培规模的扩大，但仍存在产量不稳定、效率低等缺点。因此，优良种质的培育、推广及新型高效的栽培模式是中国紫菜产业的发展趋势。

海带栽培

海带栽培是指在人工可控环境条件下，将海带幼苗培养至商品规格的过程。包括海带幼苗培育、海区的选择以及栽培期的管理方面。

20 世纪 60 年代以前，海带栽培主要集中于中国北方海区（辽宁、山东海区），此后不断南移，栽培面积逐渐扩大，现已覆盖除海南以外的中国大部分海区。

中国主要栽培海带品种有杂交海带"东方 2 号"、杂交海带"东方 3 号"、海带"东方 6 号"、海带"东方 7 号"、海带"三海"、海带"205"、海带"901"、海带"黄官 1 号"、海带"爱伦湾"和海带"荣福"等。中国海带栽培范围广泛，主要包括辽宁、山东、江苏、浙江、福建及广东北部沿海等。海带栽培海区的水深至少 5 米，海区风浪小海流大，水质清澈透明且营养盐丰富，一般无机氮含量在 100 毫克 / 米^{3}以上。

海带栽培方法主要有单式筏栽培和方框筏栽培。海带单式筏栽培主要是利用浮子将缆绳浮于水面，将苗绳悬挂于浮绠上，并通过木橛和缆绳固定筏身。该方法牢固安全，抗击风浪能力强，尤其适用于风浪较大的海区，是中国海带栽培的主要方式。海带方框筏栽培主要将筏身两端捆绑在横向的缆绳上，用双橛固定，这样就形成了大的方框。该栽培方式操作简单、省工和省料。然而，与单式筏栽培相比，方框筏栽培抗击风浪能力较弱，主要用于风浪较小的内湾海区。

海带作为重要经济海藻，在中国已大规模栽培，成为中国第一大栽培海藻。然而，海带栽培产业也面临种质退化、深加工效率低等问题。因此，结合分子生物学育种手段，开展优良种质的培育和后续深加工技术研发对海带栽培产业的发展具有重要意义。

第 2 章

海水苗种繁育

海水苗种繁育是指根据水产动物生物学特征,在人工控制的条件下实现海洋经济水生物高密度、高成活率子代苗种培育的过程。海水苗种繁育主要包括亲本选择调控、苗种早期培育、苗种中间培育 3 个重要阶段。

◆ 亲本选择调控

该阶段主要根据生产的需要,选择具有显著目的经济性状的大规格亲本,进行规模化集中管理和培育。依据生物生态习性、生物学零度和生物学积温等性腺发育特征,通过营养、水温和水质人工调控,达到亲本性腺发育成熟的目的。

◆ 苗种早期培育

该阶段主要包括成熟亲本人工催产、人工授精、受精卵孵化和早期幼体培育等重要环节。

在规模化育苗生产中,水产动物人工催产技术主要有阴干、升温、流水等方式,生产上常采取以上一种或多种方式的综合效应。例如,文蛤人工催产最佳方法为阴干法。

水产动物人工授精多采用混合受精,在精卵排放过程中注意观察排放情况,及时挑出雄性排精个体,通过调节雌雄亲本比例或精、卵混合比例，控制精子密度，配合显微镜检测精、卵密度，保证受精质量。受精卵孵化的好坏直接影响到幼体的发育与变态。其中，孵化密度、孵化温度控制是孵化成功的关键。有些水产动物受精卵密度比较大，属于沉性卵，孵化期间需要定期将池水上下翻动，翻水时需要注意不留死角且一般不向一个方向旋转，以免胚体向孵化池中心聚集，影响孵化率。孵化过程应给予微量充气，保证孵化水体溶解氧含量。

受精卵孵化过程一般受精卵密度较高，因此，孵化后幼体发育到一定阶段，需及时选优和分池，开始早期幼体培育。早期幼体培育阶段需要控制好幼体布池密度，并选择适宜的生物饵料投喂。随着幼虫的生长发育，适当增加生物饵料投喂量；投喂饵料前，检查饵料质量，避免因投喂老化和被污染的饵料而影响幼体发育。部分水产动物在此阶段有变态或食性改变等发育过程，应根据幼体的发育生物学特征及时投放附着基、改变生物饵料等管理措施。另外，还应做好水质管理，防止敌害生物大量繁殖。当幼虫培育到一定阶段，可投放附着基进行采苗。在投放之前，需要根据幼虫密度计算附着基投放数量。投放附着基期间，加大换水量和投放量，观察附着情况。当绝大部分幼虫完成附着变态，即可出池。

◆ 苗种中间培育

中间培育阶段也是苗种快速生长的阶段，体重和摄食量增加相对显著，容易造成个体拥挤和水质恶化。因此，此阶段需要及时对苗种进行稀疏，降低培育密度，保证苗种正常发育和苗种质量。根据不同的水产动物发育特征，中间培育有的在生产车间进行，有的在池塘或浅海海域进行。

海水鱼类苗种繁育

海水鱼类苗种繁育是指在人工可控海水环境条件下，将鱼类受精卵孵化并培育至商品规格幼鱼的过程。海水鱼类苗种繁育主要包括亲鱼培育及生殖调控、人工授精、受精卵孵化、苗种培育等关键技术。另外，仔、稚鱼适口活饵料的培养及营养强化和环境因子的人工调控技术也至关重要。

人工繁殖方面，从20世纪50年代中期开始，中国北方沿海的有关科研院校首先开展了黄渤海区梭鱼繁殖习性调查研究，对港养和池养梭鱼的性腺发育进行了比较观察，取得了大量梭鱼繁殖生物学和生态学资料。在此基础上，理论联系实际，于60年代初，在黄海水产研究所石臼所海水养殖试验基地专门建造了大型梭鱼生态繁育池，首先在国内采用工程措施模拟河口生态环境，利用瀑沙涨落形成的位差驱动流水环流，达到流水刺激和满足亲鱼生理、生态需求的效果，于1963～1964年连续两年获得梭亲鱼在池内自然产卵的成功纪录，为70年代末至80年代初全国突破梭鱼全人工繁殖打下了理论和技术基础。

在人工育苗方面，20世纪50年代末期就开始了在自然繁殖期利用天然成熟亲鱼做人工授精并进行培苗试验。1957～1958年，在渤海湾进行的中苏合作鱼卵、仔鱼调查和以后出现的全国性"海鱼孵化运动"中，对鲆、鲽、鲷、鲀、梭鱼、鲬、石首鱼、带鱼、颌针鱼、青鳞鱼、黑鲪等10多种经济鱼类的早期发育和仔稚鱼培育进行初步探索，收集了大量个体发育形态学、生态学和菌种培育的资料（载入中苏合作研究报告中），其中以梭鱼的工作做得比较详细。《梭鱼人工育苗的研究》一文在 1965 年发表于《海洋水产研究资料》。20 世纪 50 年代末至 60 年代初，南、北方几所科研院校在厦门市杏林湾合作进行了梭鱼、鲻人工育苗和在海南岛进行了大鳞鲻的人工育苗研究。鲻、梭鱼的研究成果，在海水鱼类的人工繁殖育苗方面具代表性，后汇编成《梭鱼、鲻研究文集》，为中国海水鱼类人工繁育技术奠定了理论和实践基础。

20 世纪 90 年代初，中日合作"真鲷增殖"项目的实施，大大推进了中国海水鱼类全人工工厂化育苗的技术进步，连续 4 年年产真鲷苗 100 万尾以上，成活率达 30% ～ 60%，单位水体出苗量达 1 万尾以上，通过中日双方专家评估确认达到国际先进水平。与此同时，中国连续 4 年放流真鲷人工苗 97.7 万尾，回捕率达 0.68%，亦达国际先进水平。

人工育苗的关键技术除亲鱼和育苗技术外，活饵料的大量培养和鱼苗开口饵料的供应至关重要。挪威学者罗列夫逊教授于 1939 年在世界上首先使用卤虫无节幼体养活鲽类的仔幼鱼，启发了中国学者对盐田生物学的研究，以求国内能够自力更生解决卤虫卵的供应问题。从 1958 年开始，黄海水产研究所与中国科学院海洋研究所张孝威教授等人合作，在青岛、塘沽和营口等地盐场做了大量调查研究工作，采集休眠卵进行研究，以后发表了《卤虫形态习性的初步观察》研究报告，这是中国有关盐田卤虫研究的早期工作之一，为以后中国开发卤虫提供了基础资料。

20 世纪 50 ～ 60 年代，国际上十分重视鱼苗开口饵料的研究，这是因为大多数浮性卵仔鱼的口裂都很小，开口后如无大量适口饵料的存在，便会造成仔鱼的大批死亡，从而导致育苗工作失败。早期阶段，大家都习惯于使用牡蛎、贻贝等贝类幼体作为开口饵料，但存在着繁殖的同步性差、大量来源困难和营养不足等问题而逐步被淘汰。至 60 年代中期，中国和日本几乎同时完成了轮虫的筛选、保种和高密度培养技术研究。轮虫作为理想的鱼苗开口饵料被沿用至今。但轮虫和卤虫一样，自身高度不饱和脂肪酸含量很低，长期投喂会造成鱼苗大量死亡。为此，中国从 70 年代开始，进行了轮虫高密度分批培养和营养强化（利用小球藻和鱼油）等应用技术研究，取得了成功。以后，随着生物饵料培养技术和营养强化工艺不断得到改进。至 80 年代中期，中国苗种培育的数量和质量得以大幅度提高，全人工育苗技术、工艺得以完成。真鲷、黑鲷、鲀类、牙鲆和黄姑鱼的年单位育苗量均达 30 万～ 60 万尾的生产水平；广东大亚湾进行的南海真鲷冬季育苗中，在亲鱼催产和利用水温上升期加速鱼苗生长两方面均取得了突破，同时开创了"北卵南育"的先例，为以后鲷类、鲆鲽类、鲀类及斜带髭鲷和花尾胡椒鲷等多种名贵鱼类实现生产性育苗奠定了基础。

国际上在鱼类繁殖生理学、发育生物学以及关键过程的调控机制等理论研究方面做了大量的工作，成果显著。不仅在模式鱼类方面，在主导养殖鱼类的相关研究也相当系统。在相关基础理论指导下，在鲑鳟鱼类、鲷类等主导养殖鱼种，如大西洋鲑、虹鳟等的人工繁殖、生殖调控和苗种规模化生产等方面已建立了成熟的技术。在中国，海水鱼类人工繁殖、生殖调控、苗种培育技术水平也处于国际先进水平，特别表现在技术研发周期短、推广速度快且规模化程度高等方面。与其他国家少数主导鱼种支撑大产业不同的是，中国海水养殖鱼类多达 80 余种，支撑了近 140 万吨的海水鱼类养殖产业。由于新的养殖鱼种的不断涌现，人工繁育技术研发带动相关基础理论的研究，但是基础理论研究薄弱和滞后的现状，无法适时支撑产业技术的研发，除少数鱼种外，多数鱼种的人工繁育技术的研发是依靠传统的技术和经验借鉴，因此少见海水鱼类精细的人工繁育技术体系。未来的海水鱼类苗种繁育发展趋势将是以智能化精准的苗种培育方式为主。

大黄鱼苗种繁育

大黄鱼苗种繁育是指在人工可控环境条件下，将大黄鱼受精卵孵化出仔鱼，并培育至商品规格幼鱼的过程。中国福建于 20 世纪 80 年代开展大黄鱼人工繁育获得成功。随着人工繁育种苗数量的增加，大黄鱼的养殖业快速发展，已成为中国养殖规模最大的海水养殖鱼类。

大黄鱼的苗种繁育技术主要包括亲鱼选择和培育、人工催产与人工孵化、苗种早期培育和苗种中间培育等过程。

◆ 亲鱼选择和培育

繁育用的亲鱼大多优选自养殖群体。以养殖 2 周龄左右的个体为佳，雌雄比例 1.5：1 左右。在海上网箱以蛋白质含量高的优质饵料或亲鱼饲料强化培育 1～2 个月后，在催产前 40 天左右移入室内水池进行加温培育。

◆ 人工催产与人工孵化

催产时亲鱼一般采用丁香酚进行麻醉，然后从胸鳍基部注射催产剂。常用的催产激素是促黄体素释放激素 A3（LRH-A3），雌鱼注射剂量一般为 2 ～ 5 微克 / 千克，雄鱼的剂量减半。水温 22℃时，效应时间约为 36 小时。人工催产后，将雌鱼、雄鱼放入产卵池中，使其自行产卵受精，然后用手抄网或 80 目筛绢制成的浮游生物网收集受精卵。将收集的卵放入容器中，除去未受精的卵、死胚和杂质，将受精卵移入孵化桶或直接移入育苗池孵化。

◆ **苗种早期培育**

将仔鱼培育至体被鳞片全长 3 厘米以上幼鱼的过程。前期采用工厂化育苗方式，后期通常移到海上网箱培育。根据仔稚鱼不同发育阶段，采用不同的生物饵料。3 ～ 12 日龄投喂褶皱臂尾轮虫；10 ～ 16 日龄投喂卤虫无节幼体；15 日龄以上投喂桡足类及其无节幼体。鱼苗全长达 2.5 厘米以上时，可移到海上网箱进行培育。

◆ **苗种中间培育**

将全长 3 厘米以上的幼鱼培育至全长 5 ～ 10 厘米商品鱼苗的过程。多采用网箱培育方式。饵料有大黄鱼配合饲料、鱼肉糜、大型冷冻桡足类等。

花鲈苗种繁育

花鲈苗种繁育是指以海捕天然幼鱼为原种，筛选出亲鱼后强化培育、促熟催产、人工繁殖孵化，再经早期培育和中间培育达到人工养殖标准苗种规格的过程。

花鲈属鲈形目花鲈属一种，又称中国鲈鱼、海鲈、寨花等。花鲈性凶猛、肉食性，主要食物为鱼类和虾类；为长寿命周期鱼类，通常成鱼体长为 25～40 厘米，最大体长为 100 厘米。花鲈属广温、广盐鱼类。在中国未形成天然捕捞群体，在海水养殖鱼类中花鲈产量名列前茅。

中国早期的花鲈主要依靠捞取天然苗种进行成鱼饲养，而后发展为在自然海区捕捞性成熟或接近性成熟的后备亲鱼进行人工繁育。花鲈苗种繁育主要包括亲鱼培育与生殖调控、苗种早期培育、苗种中间培育等过程。

◆ 亲鱼培育与生殖调控

亲鱼强化培育期间，投喂高营养饵料，水温为 20～26℃。雌鱼 3 龄左右达性成熟，雄鱼 2 龄左右达性成熟。人工繁殖时，通过光照、温度和注射激素等方法进行生殖调控。花鲈成熟卵子为游离、浮性卵，受精卵规格为 1.16～1.50 毫米，具 1～2 个较大油球。在水温 15～17℃，盐度为 32 的条件下，约 80 小时仔鱼可孵出。

◆ 苗种早期培育

从仔鱼开口摄食到体长达 2～3 厘米幼鱼的培育过程。池塘培育时初孵仔鱼放养密度为 1 万～3 万尾/米^{3}水体，随鱼体生长加大充气量和换水量。20 日龄以前，以投喂活饵为主，经 30 天左右培育，筛选分级，降低培育密度。鱼苗培育饵料序列为轮虫—卤虫无节幼体或枝角类—鱼或虾肉糜—人工微型饲料。经约 80 天培育，鱼苗体长可达 2～3 厘米，进入下阶段培育。

◆ 苗种中间培育

花鲈鱼苗培育至体长为 2～3 厘米时，进行苗种中间培育，鱼种体长达 8 ～ 13 厘米，进入成鱼养殖阶段。大规格苗种可采取室外海水池塘或淡水池塘培育，淡水池塘放花鲈之前要进行鱼苗盐度驯化处理。海水池塘面积 1 ～ 2 亩为宜，鱼苗放养密度为 2 万～ 4 万尾 / 亩，投喂花鲈专用饲料效果最好。经 20 ～ 30 天培育，体长达 8 ～ 11 厘米时出池。淡水池塘培育时先进行盐度驯化，驯化期一般淡化需 3 ～ 7 天。

鲷鱼苗种繁育

鲷鱼苗种繁育是指在人工可控环境条件下，将鲷鱼受精卵孵化并培育至商品规格幼鱼的过程。

鲷鱼属于鲈形目鲷科，全世界有 33 属 1150 种，中国记录有 7 属 713 种。鲷科鱼类外形类似笛鲷科或石鲈科，但鲷的体形较高，更侧扁；上下颌之门齿、犬状齿以至于两侧之臼齿均较发达；体呈椭圆或卵圆形，头大，前半部体较高，背缘弯曲，腹缘较平。为中国沿海重要经济鱼类，属于高级食用鱼类。中国最早开始工厂化育苗的鲷鱼种是真鲷。年产超过 3000 万尾，是中国海水网箱养殖主要鱼种。

鲷鱼苗种繁育技术，以真鲷为例，主要包括亲鱼生殖调控、苗种早期培育、苗种中间培育。

◆ 亲鱼生殖调控

选择野生 4 ～ 8 龄或人工养殖 3 ～ 6 龄真鲷作为亲鱼，通过营养强化结合光照和升温调控，促使亲鱼性腺发育和成熟。野生亲鱼需注射绒毛膜促性腺激素、绒毛膜促性腺激素加释放激素类似物，促进亲鱼排卵；人工养殖的真鲷可不经注射激素自行排卵、受精。在水温为 22 ～ 24℃

环境下，受精卵经 26 小时即可孵化，孵化时间随着水温的降低而延长。

◆ **苗种早期培育**

采用二级砂滤海水流水培育真鲷初孵仔鱼至体长 2 厘米。初孵仔鱼很少活动，第 3 天开始在海水中适当添加小球藻，饲育池小球藻浓度保持 50 万～ 100 万个 / 毫升。仔鱼开口摄食，主要投喂贻贝、牡蛎幼体，或投喂轮虫；鱼苗达 6 毫米时开始投喂桡足类和卤虫无节幼体；体长 1 厘米以上的鱼苗开始投喂鱼糜；鱼苗体长达 2 厘米开始投喂配合饵料。

◆ **苗种中间培育**

采用苗种培育条件和方式，流水培育，日换水量 300% ～ 600%；通过鱼苗分选，控制放养密度为 5 千克 / 米³ 水体，完全投喂鱼糜或配合饵料，将真鲷苗种培育成体长 5 ～ 8 厘米的商品鱼苗规格，以便于放流、池塘或网箱养殖。

斑石鲷苗种繁育

斑石鲷苗种繁育是指在人工可控环境条件下，将斑石鲷受精卵孵化并培育至商品规格幼鱼的过程。斑石鲷主要分布在太平洋区域，其中包括中国沿海、日本西南部近海、韩国南部的沿海海域及夏威夷群岛沿岸。在自然海域中自然资源稀少，常以垂钓的方式获得，极少形成自然群体，没有明显的盛鱼期，且产量不大。

斑石鲷苗种繁育主要包括亲鱼培育与生殖调控、苗种早期培育及苗种中间培育等过程。

◆ 亲鱼培育与生殖调控

斑石鲷亲鱼生殖产卵的最佳环境为：水温 20 ～ 27℃，盐度 29 ～ 32，光照度 400 ～ 800 勒，pH7.8 ～ 8.2，溶解氧 ≥ 6.0 毫克 / 升，换水量 200% ～ 300%。亲鱼经人工营养调控促进性腺发育成熟，实现自然产卵。

◆ 苗种早期培育

收集悬浮优质的受精卵，将自然海水沉淀后，经过二级砂滤后作为培育用水。在水温 23±1℃、海水盐度 32±0.5 的条件下孵化。充气量均匀，并逐渐增大。刚开始孵化的仔鱼，保持日换水约 1/2，并持续稳定地进行充气。仔鱼开口后，每天加一些新鲜海水，定期添加小球藻和光合细菌。育苗池水位添加至 80 厘米后开始换水，前期每天交换 30 厘米，以后随着鱼苗的生长逐渐加大。孵化后 3 ～ 17 天投喂轮虫，水体中保持 8 ～ 10 个 / 毫升轮虫，前 3 天投喂 SS 型轮虫，以后投喂 L 型轮虫；孵化后 15 ～ 32 天投喂卤虫幼体，水体中保持 3 ～ 5 个 / 毫升卤虫幼体；孵化后 30 天，开始投喂配合饲料，进行人工饵料的驯化和过渡。轮虫及卤虫幼体均营养强化后再行投喂，小球藻伴随轮虫添加。

◆ 苗种中间培育

斑石鲷鱼苗培育约 35 天，全长为 2.5 ～ 3.5 厘米，外部形态与成体相似。苗种中间培育时期培育密度为 800 ～ 1000 尾 / 米³ 水体。随着鱼苗的生长适时进行饵料更换，投喂频率 6 ～ 8 次 / 日，日换水量 400% ～ 600%。鱼苗全长达 10 ～ 12 厘米时，即达商品苗规格，可进入循环水或海上网箱养殖阶段。

暗纹东方鲀苗种繁育

暗纹东方鲀苗种繁育是指在人工可控环境条件下，将暗纹东方鲀受精卵孵化并培育成商品规格幼鱼的过程。从 20 世纪 90 年代中期，暗纹东方鲀作为名特水产品被开发利用，其繁殖、育苗等方面的研究就已逐步开始。暗纹东方鲀苗种繁育包括亲鱼选择调控、苗种早期培育和苗种中间培育 3 个环节。

◆ 亲鱼选择调控

暗纹东方鲀工厂化规模育苗一般选择全人工培育亲本，精选由纯正亲本繁殖的、生长 2 年以上、体质健壮、体表光滑无伤、鳍条完整的个体，避开同世代个体。亲鱼采用土池或室内水泥池培育，主饲鲜活饵料，如鱼肉糜、鲜蚌肉糜、水蚯蚓等，辅饲配合饲料。亲鱼养殖水体各项指标需达国家渔业养殖用水标准，盐度不大于 15、水温不低于 16℃。

亲鱼在人工繁殖前 1 ～ 2 个月注射促黄体素释放激素类似物、鲤鱼垂体和绒毛膜促性腺激素等激素来促熟，10 ～ 15 天为一促熟期，经过 3 ～ 4 次促熟就可达性腺成熟。当雌鱼腹部膨大、柔软；雄鱼生殖孔轻压后有少量精液流出，即可注射促熟激素类物质来催产。注射催产剂后，当亲鱼游动迟缓、长时卧底和体色变淡时，及时采卵受精，注射后 10 ～ 15 小时内受精率最高。一般采用干法授精，卵子和精子先后挤入干净容器后搅拌混合，用生理盐水浸泡，再用清水漂洗杂质，避免水霉滋生，勿使受精卵与空气接触及被阳光直射。此后受精卵移至孵化器中孵化，孵化过程中要保持微水流或微气流状态，使卵块悬浮，还要避免阳光直射。水温 16 ～ 22℃ 时，经过 120 ～ 240 小时受精卵即可孵化。

出孵仔鱼要逐步转入其他容器中培养，转移时要去除卵膜空壳。

◆ 苗种早期培育

苗种培育分仔鱼期、稚鱼前期和稚鱼后期 3 个阶段，早期培育包含前两个阶段。仔鱼期（鱼苗），日龄 1 ～ 20，孵化第 3 ～ 5 天开口时投喂适口微粒子饲料和轮虫，此间饵料必须充足以降低死亡率，同时保持换水以保证水质清新。稚鱼前期（乌仔），日龄 21 ～ 30，主要饲喂轮虫、枝角类、桡足类和卤虫幼体，注意保证活饵供应充足，以免同类相食。

◆ 苗种中间培育

稚鱼后期（夏花），日龄 30 以上，此间要完成暗纹东方鲀食物从活饵料到配合饲料的转换，要保证食物充足，防止同类相食。

银鲳苗种繁育

银鲳苗种繁育是指在人工可控环境条件下，将银鲳受精卵孵化并培育至商品规格幼鱼的过程。

银鲳属鲈形目鲳科鲳属一种。从朝鲜—日本的西部海域、中国诸海、太平洋—印度洋区以及印度的孟加拉湾、阿拉伯湾等海域都有分布。中国沿海均有分布，以舟山渔场、吕泗渔场较为集中。银鲳是优质食用鱼类，早在 20 世纪 60 年代就有日本学者对其繁殖生物学进行研究。中国于 2004 年正式开展人工育苗研究，2010 年起突破银鲳苗种全人工繁育获子二代，数量达 10 万尾。

银鲳苗种繁育过程主要包括亲鱼选择调控、苗种早期培育、苗种中间培育。

◆ **亲鱼选择调控**

亲鱼为 1 ～ 2 龄人工培育的银鲳，雌鱼叉长大于 20 厘米，体重大于 250 克，雄鱼叉长大于 15 厘米，体重大于 100 克。越冬水温控制在 16 ～ 18℃；海水盐度 26 ～ 28。饵料需营养强化，饲料中添加维生素 E、卵磷脂强化。银鲳性腺成熟后通过人工授精采精卵，用干法授精的方法获得受精卵；或在室内水泥池中通过流水等措施获得自行产出的精卵受精后的胚胎。在水温 20℃，pH7.8 ～ 8.2，光照 1500 勒条件下，经 30 ～ 36 小时孵化可得到初孵仔鱼。

◆ **苗种早期培育**

初孵仔鱼布苗密度在 1 万～ 1.5 万尾 / 米³ 水体比较合适。光照 1000 ～ 2000 勒，避免直射光，育苗水温 20 ～ 24℃，pH7.8 ～ 8.2。前期饲喂轮虫，第 10 天起逐步以丰年虫无节幼体替换轮虫，第 20 天和第 26 天分别过渡到桡足类和配合饲料。

◆ **苗种中间培育**

银鲳鳞细，极易脱落，中间培育通常采用连水带鱼分选的方法，控制培育密度、增加换水量以及营养强化等手段，将银鲳幼鱼培育成 4 ～ 6 厘米的商品鱼苗规格，以便于同银鲳商品鱼养殖相对接。

大菱鲆苗种繁育

大菱鲆苗种繁育是指在人工可控环境条件下，将大菱鲆受精卵孵化并培育至商品规格幼鱼的过程。

1992 年，大菱鲆由雷霁霖院士首次引入中国，之后的 10 年间中国水产科学院黄海水产研究所的大菱鲆课题组在大规模苗种生产关键技术上，取得了重大突破，为大菱鲆在中国北方沿海迅速实现工厂化生产奠定了基础。后又在大菱鲆遗传种质改良工作中取得了很大进展，育成了具有生长速度快、抗逆性强等优良性状的大菱鲆"多宝1号"等品种。

大菱鲆苗种繁育包括亲鱼选择调控、苗种早期培育和苗种中间培育 3 个主要环节。

◆ 亲鱼选择调控

从养殖群体中挑选体形完整、色泽正常、健壮活泼、集群性强、摄食积极、年龄与规格适宜的 3 龄以上雌鱼和 2 龄以上雄鱼作为亲鱼。挑选出的亲鱼按 1～2 尾 / 米^2、雌雄比 1.5 : 1 或 1 : 1 放入国家一级渔业水质标准的隔离养殖池中强化饲育。养殖池顶遮光，以利于全人工光周期控制。水面照度 200～600 勒，光照时间由 8 时 / 天渐增至 18 时 / 天、水温由 8℃ 渐升至 14℃，经过连续 2 个月的调控，大菱鲆亲鱼即可达性成熟。亲鱼性成熟后，人工采卵授精。

◆ 苗种早期培育

大菱鲆受精卵置于消毒后的孵化水槽中，采用浮性卵孵化法孵化。控制水温 12～17℃、盐度 26～33、光照强度 500 勒、光照时间 16 时 / 天、氧含量 6 毫克 / 升以上、水循环流量 2～3 个量程 / 天，7 天以内孵化。鱼苗一般在直径为 3～5 立方米的圆形水槽中培养，水体要经过滤、消毒杀菌、调温和充气。培养池盐度、温度、光照、换水频率要根据鱼苗生长时间进行调整。仔鱼孵化 3 日后开始投喂轮虫，9～10 日后投喂卤虫无幼节体，15 日龄仔鱼投喂卤虫幼体＋配合饲料。

◆ 苗种中间培育

20 日龄稚鱼投喂卤虫幼体＋配合饲料，25 日龄后投喂配合饲料，90 日龄幼鱼可作为商品苗出售。

黄姑鱼苗种繁育

黄姑鱼苗种繁育是指在人工可控环境条件下，将黄姑鱼受精卵孵化出仔鱼，并培育至商品规格幼鱼的过程。黄姑鱼苗种繁育技术主要包括亲鱼选择与调控、苗种早期培育和苗种中间培育等过程。

◆ 亲鱼选择与调控

繁育用的黄姑鱼亲鱼大多从养殖群体中挑选，也可在繁殖季节从海区捕捞成熟亲鱼用于人工繁殖。亲鱼可在海上网箱或陆上水池培育。繁殖前，投喂蛋白含量高的优质饵料强化培育。亲鱼性腺发育至 IV 期末时，可注射绒毛膜促性腺激素（HCG）和促黄体素释放激素类似物（LRH-A）催产，集中产卵，也可以任其自行产卵。受精卵可用孵化桶孵化，也可在育苗池孵化。

◆ 苗种早期培育

将黄姑鱼仔鱼培育至体被鳞片的全长 3 厘米以上幼鱼的过程，多采用工厂化育苗方式，也可采用池塘培育方式。黄姑鱼苗种培育技术与其他海产鱼类相似。

◆ 苗种中间培育

将全长 3 厘米以上的黄姑鱼幼鱼培育至全长 5 ～ 10 厘米商品鱼苗的过程。黄姑鱼苗种中间培育多采用网箱培育方式，也可采用池塘或室内水槽进行培育。在商品鱼苗培育过程中，应保持水质清新，水环境条件保持水温 24 ～ 27℃，盐度 24.5 ～ 26.3，pH8.0 左右，溶解氧 5.5 毫克 / 升以上。采用配合饲料与鱼虾肉糜混合投喂，每天 2 次，投喂量视幼鱼肠胃饱满度，一般投喂幼鱼体重的 10% 左右，以投喂结束时 80% 的鱼苗消化道饱满为宜。投喂配合饲料和虾糜时，要增加流水量并及时进行池底清污。

鲻鱼苗种繁育

鲻鱼苗种繁育是指在人工可控环境条件下，将鲻鱼受精卵孵化并培育至商品规格幼鱼的过程。鲻鱼养殖已有数百年，大规模的人工苗种繁育于 20 世纪 60 ～ 70 年代取得突破，现已能满足大规模养殖的需求。鲻鱼苗种繁育过程主要包括亲鱼培育与生殖调控、苗种早期培育、苗种中间培育等环节。

◆ 亲鱼培育与生殖调控

选择 2 龄以上、体重 1 千克以上养殖或野生鲻鱼雄鱼作为雄性亲鱼，选择 3 龄以上、体重 1.5 千克以上养殖或野生鲻鱼雌鱼作为雌性亲鱼。培育期间每天投喂 5% ～ 10% 体重的人工饲料，换水 20% ～ 30%，并在繁育前驯化 3 个月逐步驯化至适宜海水盐度 30 ～ 33，水温 15 ～ 20℃。亲鱼培育成熟后，分两次注射催产药物催产：雌鱼每千克体重注射 200 ～ 240 微克促黄体生成素释放激素类似物（LRH-A）和 2700 ～ 3800 国际单位 LCH，雄鱼每千克体重注射 80 ～ 100 微克促黄体生成素释放激素类似物（LRH-A）和 500 ～ 1000 国际单位 LCH，第一次注射总量 1/3，24 ～ 48 小时后注射 2/3。催产后人工收集受精卵，于水温 22℃ 左右、盐度 30 ～ 33、溶解氧含量 5 毫克 / 升以上的水体中充气孵化，受精卵密度 3000 粒 / 升，孵化时间为 48 ～ 52 小时。

◆ 苗种早期培育

初孵鲻鱼仔鱼培育密度在 2 万～ 4 万尾 / 米³ 水体，盐度 30 ～ 33，连续充气维持溶解氧含量高于 5 毫克 / 升，温度 22℃。布苗时同时按小球藻 30 万～ 40 万个 / 毫升、轮虫 5 ～ 15 个 / 毫升接种。仔鱼 4 日龄开口后至 8 日龄，每天投喂轮虫数量由 2 个 / 毫升逐步增加到 8 个 / 毫升，分 2 次投喂。21 日龄后按密度 2 ～ 3 个 / 毫升投喂卤虫无节幼体，并保持至略有剩余为准。培育至稚鱼后期增加少量配合饲料，逐渐过渡至完全投喂人工饲料。仔稚鱼培育从第 7 天开始吸污换水，每天换水 1/3。开口 15 天后可在换水时添加淡水逐渐降低盐度，但在鱼苗 3 厘米时不低于 10。

◆ 苗种中间培育

鲻鱼鱼苗按 3 万～ 5 万尾 / 亩的密度放入池塘中，按每天 7% ～ 10% 体重分 4 次在 8 时、11 时、14 时、17 时投喂，以 50% 鳗鱼饲料加上 30% 的玉米粉和 20% 的糠麸混合均匀后加水调和成面团状投喂。鲻鱼中间培育期间进一步逐渐降低盐度至成鱼养殖水体盐度，鱼苗培育至 6 ～ 10 厘米后可放入成鱼养殖水体。

牙鲆苗种繁育

牙鲆苗种繁育是指在人工可控环境条件下，将牙鲆受精卵孵化出仔鱼，并培育至商品规格幼鱼的过程。

中国的牙鲆人工孵化育苗研究比较早，20 世纪 50 年代末，中国科学院海洋研究所就开展了牙鲆胚胎发育和早期生活史及人工育苗研究，并取得实验性培苗的成功。至 80 年代初，实现了大规模苗种生产实验。90 年代以来，随着海水鱼类繁育养殖技术的迅猛发展，牙鲆苗种繁育技术也有了很大突破，通过温度 - 光照调控可以进行全年候繁殖包括秋冬季的反季节工厂化生产，提供优质受精卵。

牙鲆苗种繁育技术主要包括亲鱼选择调控、苗种早期培育和苗种中间培育等过程。

◆ **亲鱼选择调控**

天然捕捞或人工培育的体质健壮、色泽正常、无病、无伤、无畸形的优质牙鲆或良种成体可作为亲鱼。3 龄以上牙鲆雄鱼与 4 龄以上雌鱼按（1：2）～（1：2.5）的比例进行培育。采用温度、光照、营养 3 因素综合对牙鲆亲鱼进行强化和性腺促熟培育，注射促黄体生成素释放激素类似物或绒毛膜促性腺激素等催产素进行催产以保证亲鱼同步成熟，提高产卵量和受精卵的受精率、孵化率。牙鲆亲鱼培育水温 14 ～ 16℃，该条件下可以实现牙鲆自然产卵、产精和受精。

流水收集牙鲆受精卵，集卵网箱在海水静置 10 分钟后取上浮卵，每天收集两次。收集的牙鲆受精卵使用孵化网箱 / 水槽或水泥培育池直接孵化。牙鲆成熟卵子为游离、浮性卵，卵膜较薄，光滑透明；受精卵直径约为 1 毫米，具 1 个油球。孵化水槽中的孵化密度为 50 万粒 / 米³ 水体，培育池为 1 万～ 5 万粒 / 米³ 水体。在 14 ～ 16℃、盐度 28 ～ 35 和微充气条件下，约 80 小时仔鱼全部孵出。

◆ **苗种早期培育**

牙鲆受精卵孵化后 3 ～ 4 日龄开始投喂轮虫，密度保持 5 个 / 毫升，投喂至 20 ～ 25 日龄，此间饵料必须充足以降低死亡率。17 日龄左右投喂卤虫无节幼体，密度为 2 个 / 毫升，投喂至变态结束，卤虫幼体投喂期间开始驯化配合饲料完成食物从活饵料到配合饲料的转换。轮虫和卤虫幼体均需营养强化以降低白化率并提高其品质，投喂轮虫和卤虫幼体期间，需每天在池中投喂小球藻等单胞藻。

◆ **苗种中间培育**

变态完成的牙鲆鱼苗，此时已经完全摄食配合饲料，进入中间培育阶段。牙鲆鱼苗培育期间水温 18 ～ 19℃，溶解氧 6 ～ 9 毫克 / 升，日换水量和充气量随鱼苗生长而加大，并在 8 ～ 10 毫米及 13 ～ 15 毫米时进行分苗，防止互残。苗种培育至全长大于 5 厘米的商品苗，用于养殖生产和增殖放流。

美国红鱼苗种繁育

美国红鱼苗种繁育是指在人工可控环境条件下，将美国红鱼受精卵孵化并培育至商品规格幼鱼的过程。

1987 年，中国台湾地区水试所引进美国红鱼鱼卵；1989 年，繁殖成功后推广到民间养殖。1991 年，中国国家海洋局第一海洋研究所从美国引进美国红鱼仔鱼培育至 1995 年开始成熟产卵，这为美国红鱼在中国沿海推广养殖奠定了基础。美国红鱼苗种繁育技术过程主要有亲鱼选择和培育、人工催产与人工孵化、苗种早期培育和苗种中间培育等。

◆ **亲鱼选择和培育**

在美国，美国红鱼主要用海区自然生长的成熟鱼作为亲鱼；在中国，一般选择池塘或网箱养殖的美国红鱼成鱼作为亲鱼。一般人工繁殖用亲鱼选择 4 龄以上雄鱼，5 龄以上雌鱼。

◆ **人工催产与人工孵化**

在繁育季节选择成熟亲鱼注射催产激素进行人工催产，剂量为人绒毛膜促性腺激素（HCG）500～600 国际单位/千克鱼重。在 25℃ 环境下，24～30 小时之内便能诱导排卵。通常情况下，经催产的亲鱼可自行排卵受精，也可人工挤卵进行人工授精。美国红鱼受精卵可用孵化桶孵化，也可在育苗池孵化。在 23～25℃ 条件下，孵化时间 24 小时左右。

◆ **苗种早期培育**

将美国红鱼仔鱼培育至体被鳞片全长 3 厘米以上幼鱼的过程。可采用池塘育苗方式，也可采用工厂化育苗方式。美国红鱼苗种早期培育技术与其他海产鱼类相似。美国红鱼仔鱼在孵化后 3 天开始摄食，开始时投喂轮虫，仔鱼长到 9～10 天时开始投喂卤虫无节幼体，15 天后可加一些虾糜和颗粒饲料，再过 14～21 天，可全部用颗粒饲料。

◆ **苗种中间培育**

将全长 3 厘米以上的美国红鱼幼鱼培育至全长 5～10 厘米商品鱼苗的过程。多采用网箱培育方式。在 23～28℃ 条件下，美国红鱼苗种 30～40 天可长到全长 6 厘米左右，即可供美国红鱼养殖用。

海水甲壳类苗种繁育

海水甲壳类苗种繁育是指在人工可控海水环境条件下，将经济虾蟹等甲壳动物受精卵孵化并培育至商品规格幼苗的过程。

最初的虾蟹养殖通过自然繁殖场捕捞或利用潮水纳入野生苗种开展人工养殖。经济虾、蟹类由于营养丰富，味道鲜美，已成为人类需求的重要蛋白来源。随着养殖需求的增加，野生苗种无法满足人工养殖的要求，因此需要建立甲壳动物的苗种培育技术。

甲壳动物苗种培育始于 20 世纪 30 年代，1933 年日本人藤永元作率先开展了日本对虾的育苗研究，并于 1940 年成功培育出世界上第一批对虾苗，为日本对虾养殖的发展奠定了基础。50 年代，中国也开始了中国对虾的人工繁育研究并取得了成功。随后，美国、东南亚各国也相继开展了凡纳滨对虾、斑节对虾、罗氏沼虾等种类的育苗技术研究并取得了成功。蟹类苗种培育的成功始于 70 年代中国水产科学家对中华绒螯蟹人工繁育的研究。1980 年，首次实现了工厂化育苗技术的突破，随后促进了中国中华绒螯蟹养殖业的迅速发展。20 世纪末，蟹类的苗种培育又在海水蟹类如三疣梭子蟹和青蟹中取得了成功。甲壳动物苗种培育技术的突破和养殖模式的进步确保了苗种的稳定供应，推动了虾蟹类甲壳动物养殖业在全球范围内的快速发展。随着对甲壳动物繁殖生物学研究的不断深入，更多经济甲壳动物的苗种繁育技术会不断取得突破，从而推动甲壳动物的资源增殖和水产养殖业的发展和壮大。

甲壳类苗种繁育包括甲壳动物亲本选择及生殖调控、苗种早期培育和苗种中间培育等过程。亲本的选择及生殖调控指选择合适大小的甲壳动物雌雄成体培育至性腺成熟，并使雌雄个体进行交配产卵的过程；苗种早期培育指从受精卵开始的胚胎发育到幼体发育期间的培育过程；苗种中间培育指从幼体发育结束后（如发育至仔虾、仔蟹等）至放于养殖池大规模养殖之前的中间培养阶段。其中，胚胎发育是指从受精卵经过多次卵裂，发育至囊胚、原肠胚，进而发育至膜内幼体的过程；幼体发育通常指膜内幼体孵化后在体外经过多次蜕皮和变态发育的过程。幼体经过不断的变态发育后，其形态构造愈来愈完善，生活习性也逐渐与成体趋向一致。在幼体发育的不同阶段需要根据其食性和习性的不同，投喂不同的饵料，设置不同的培养条件，以使幼体获得充足的能量，顺利完成变态。

蟹类苗种培育

蟹类苗种繁育是指人工培育和改良用于增养殖生产和科研试验的蟹类亲本、稚体、幼体、受精卵及其遗传育种材料的过程。

蟹类苗种繁育技术研究主要集中在日本、澳大利亚、中国和东南亚等国家。日本最早研究和突破了梭子蟹人工育苗技术，蟹苗主要用于增殖放流。澳大利亚学者研究了青蟹的生物学和增养殖技术，建立了可行的苗种培育模式。中国实现苗种培育的经济蟹类主要包括中华绒螯蟹、三疣梭子蟹和拟穴青蟹等。与虾类苗种培育相比，蟹类相互争斗和自残的习性导致其苗种培育产量低、占用面积大等特点。中国已拥有具有自主知识产权的中华绒螯蟹和三疣梭子蟹品种，并发展了蟹公寓等蟹类亲本的高效培育模式及土池生态育苗等健康苗种生产模式。

中国传统的海水蟹类养殖品种已有近百年的历史,解决蟹类苗种培育问题对蟹类养殖业的发展至关重要。长期以来,由于蟹类苗种发育生物学的特性及养殖产业所具有的苗种生产和养殖生产异地进行的特点,苗种培育的实施与推广受到生产稳定性差、运输成活率低、养殖区域缺乏与规模化生产相配套的苗种中间培育设施及技术等诸多因素制约,人工苗种培育与养殖生产实际需求相差甚远。依靠海区捕捞天然苗种的结果是整个产业结构始终被零星分散的苗种繁育生产方式左右,产量不稳定,无法形成规模效益;由于苗种放养规格不一,不能一次性捕捞上市,养殖池塘长期处于负载状态,池底污染逐年累计,极易引发养殖病害。因此,在蟹类苗种培育过程中需严格把控亲本选择、苗种早起培育、苗种中间培育 3 个关键环节。

蟹类苗种培育正逐步从相对单一的模式向多元化模式过渡。截至 2019 年,种蟹选育、人工育苗、中间培育的分级繁育技术已经健全。从最初的以收集野生资源为主,到实现工厂化人工育苗,再到如今的土池生态苗种培育的蓬勃开展,蟹类苗种培育的发展趋势主要为:①研制具有优良经济性状如抗病、抗逆、雌性化、生长快等的新品种。②研制并构建苗种培育所需的各种软、硬件环境,引入智能化管理及监测技术。③完善苗种规模化健康生产技术、建立良种繁育示范基地。④推广高效精准的亲本培育模式如"蟹公寓"等。⑤根据蟹类营养需求和摄食习性,开发无公害人工饲料,以减少饲料对环境的污染。

虾类苗种培育

虾类苗种繁育是指人工控制亲本的性腺成熟、交配和产卵，并将受精卵培育至用于养殖的虾苗的过程。包括亲虾的选择及生殖调控、虾苗早期培育和虾苗中间培育。经济虾类主要包括对虾科和长臂虾科的种类。

◆ 亲虾的选择及生殖调控

选择大小合适、外观健壮的虾作为亲虾，将雌雄个体分开放入养殖池中培育。培育过程中投喂鱿鱼、牡蛎、沙蚕等鲜活饵料，并对温度、光照等进行控制，促进性腺的发育和成熟。有些虾类需要通过剪眼柄以促进其性腺成熟。经过一段时间的培育至性腺成熟后，将雌雄个体放在同一池中进行交配，然后将交配后的雌虾放在产卵池中产卵、受精。

◆ 苗种早期培育

苗种的早期培育过程包括胚胎发育和幼体发育两个阶段。胚胎发育指从受精卵到幼体孵化破膜阶段。对虾科的种类，其受精卵在水中发育并进行离体孵化，发育时期包括卵裂期、囊胚期、原肠胚期、肢芽期、膜内无节幼体期。长臂虾科的种类，其受精卵黏附在雌虾腹部，由母体保护受精卵的孵化，其发育时期包括卵裂期、囊胚期、原肠胚期、肢芽期、无节幼体期、后无节幼体期、前蚤状幼体期、后蚤状幼体期；整个胚胎发育阶段均在卵膜内完成，其间的能量供应全部来源于卵黄。

对虾科的幼体发育经历无节幼体期、蚤状幼体期和糠虾幼体期之后发育为仔虾。无节幼体期不开口摄食，身体不分节，其间经过 6 次变态发育成为蚤状幼体；蚤状幼体期分 3 个时期，I 期蚤状幼体以摄食植物性饵料为主，II、III 期蚤状幼体摄食植物性和动物性混合饵料，蚤状幼体经过 3 次变态发育成为糠虾幼体；糠虾幼体以摄食动物性饵料为主，再经历 3 次变态发育成为仔虾。长臂虾科的幼体发育自糠虾幼体开始，糠虾幼体主要摄食动物性饵料，经过 5 ~ 6 次变态发育成为仔虾。虾类发育至仔虾阶段，其外形与成虾已无明显差别。

◆ 苗种中间培育

刚经历变态发育而成的仔虾对环境的适应能力较差，需要经过一段时间的中间培育后再放入养殖池中养殖。中间培育过程一般在环境条件可控的室内养殖池中进行，前期以投喂卤虫等鲜活饵料为主，之后逐步增加人工饵料比例，让虾类逐步适应人工饵料。虾类苗种中间培育过程需保证充足的氧气供应和各项水质指标的稳定，如果需要调节养殖水体的盐度，一般也在苗种的中间培育过程中完成。经过 7 ~ 10 天的中间培育过程，虾类个体逐渐长大且对环境的适应能力增强，之后便可在养殖池塘中进行养殖。

海水贝类苗种繁育

海水贝类苗种繁育是指在人工可控海水环境条件下，将经济贝类受精卵孵化并培育至商品规格稚贝的过程。

贝类苗种繁育技术经历了自然采苗、半人工采苗和工厂化人工育苗等几个不同的发展阶段。自然采苗是在天然海域中寻找贝类自然产卵场，繁殖季节过后从海区采捕野生苗种，用于养殖生产或异地增殖；半人工采苗是在自然海区、池塘等水域，在繁殖季节通过补充亲贝、人工投放附着基等措施，生产和采集贝类苗种；工厂化人工育苗是在陆基建立育苗场，通过人工技术措施，实现贝类苗种繁育和规模化生产。贝类育苗场一般包括幼虫培育车间、饵料培育车间、蓄水和供水系统、动力和加热系统、供气系统等。随着贝类育苗设施和技术的进步，贝类苗种繁育将向着标准化、自动化和智能化方向发展。

◆ 繁育对象

当前贝类苗种繁育，绝大多数采用工厂化人工育苗方式。已成功实现工厂化人工繁育的贝类包括双壳类的扇贝类、牡蛎类、蛤蚶蛏等滩涂贝类，以及腹足类的鲍类、螺类等几十个主要经济种类。

◆ 生产过程

贝类工厂化苗种繁育通常包括亲贝促熟催产、苗种早期繁育和苗种中间培育几个主要过程。

亲贝促熟催产

选择生长快速、身体健康、性腺发育良好的成贝，直接进行催产或经促熟后再进行催产。亲贝性腺促熟期间应根据不同种类的生物学特征，选择适宜的温度、盐度条件和饵料种类，促进贝类性腺快速发育。性腺成熟后，一般通过阴干、流水、遮光、升温等措施进行催产。

苗种早期培育

贝类受精卵孵化后，一般经过担轮幼虫、面盘幼虫、壳顶幼虫等浮游生活阶段。浮游幼虫培育期间，通过投喂单细胞微藻饵料等保证幼体生长发育。幼体发育至壳顶幼虫后，通过附着变态过程成为营底栖生活的稚贝。在贝类育苗过程中，应根据幼体发育状况，及时投放适宜的附着基进行采苗。

苗种中间培育

贝类幼体变态后，进入苗种中间培育阶段。该阶段应保证充足的饵料供应和保持合理的培育密度。扇贝、牡蛎等苗种可以通过吊养等方式进行海上保苗，蛤、蚶、蛏等滩涂贝类一般在池塘或滩涂进行稚贝的中间培育。

海湾扇贝苗种繁育

海湾扇贝苗种繁育是指在人工可控环境条件下，将海湾扇贝受精卵孵化并培育幼苗至商品苗种规格的过程。海湾扇贝苗种繁育主要包括亲本性腺促熟、幼虫孵化和培育、苗种中间培育等过程。

亲本性腺促熟。选择壳长 5.5 厘米以上壳表色泽鲜亮、无破损、活力旺盛、软体部肥满、性腺重量大的优质亲贝。亲贝经洗刷消毒后，放入培育池的网笼内。早期和中期每天换水 100%，晚期每天换水 1/3，并进行日常水质监测。分批投喂鲜活、足量的饵料。培育期间需经常清除亲贝排泄物，保持水质清洁健康。

幼虫孵化和培育。对亲贝进行产前检查，成熟的亲贝经过 2 小时阴干，再洗净壳面附着物后，立即装入干净的网笼，移入催产池，以充气结合升温的方法催产，获得的受精卵在原池内孵化。发育到 D 形幼虫时期时，收集幼虫移至培养池内培养，采用黑布遮光的方法，使幼虫在 23℃ 的水温下发育，直至幼虫出现眼点后投放附着基。幼虫培育期间，初期以金藻为主，后期逐渐转为以金藻和扁藻为主，投饵量主要根据幼虫胃含物多少和池水饵料的密度而定。幼虫培育期间要进行水质监测和溶氧监测，确保育苗池内水质理化条件稳定。保持水质的清洁，避免污损生物和病原菌的混入。

苗种中间培育。中间培育过程指变态后的稚贝生长到可转移到室外进行养殖的大规格苗种阶段。稚贝摄食量大，生长快，对饵料需求高，应加大投饵量和投饵次数，一般采用多次少量每天投饵 4～6 次，2～4 种饵料混合投喂，最佳饵料种类搭配为金藻类、硅藻类和扁藻类等。稚贝达 5 毫米以上时，转移到海区扇贝养殖筏架上继续养殖，养成时的密度为 30 个 / 层。

青蛤苗种繁育

青蛤苗种繁育是指在人工可控环境条件下，将青蛤亲贝所产精卵受精而成的受精卵孵化并培育至商品规格稚贝的过程。为青蛤养殖产业提供苗种来源。

青蛤的苗种生产方式主要有室内全人工育苗、半人工采苗和土池育苗。室内全人工育苗技术含量高、单位水体出苗量大，是青蛤苗种培育的发展方向。青蛤苗种繁育技术主要包括亲本选择调控、苗种早期培育及苗种中间培育过程。

◆ 亲本选择调控

从青蛤成贝中选取规格整齐（3 厘米左右）、健康状况好的个体作为亲贝，洗刷干净后放入育苗池性腺促熟培养。池底铺 5 厘米厚海泥，每平方米暂养亲贝 2～3 千克。促熟期间水温逐步提升，投喂硅藻、金藻或扁藻等单胞藻，投饵量随温度升高逐步增加，后期达 15 万个 / 毫升，水温提升至 26℃ 时开始恒温培养。每天换水 2 次，每次换水量 1/3 ～ 1/2。将性成熟的青蛤亲贝阴干刺激 3 ～ 5 小时，然后放入 26 ～ 27℃ 海水中，遮光、充气，诱导亲贝产卵、排精。青蛤受精卵孵化密度为 30 ～ 50 粒 / 毫升。水温 25 ～ 28℃，盐度 18 ～ 25 环境下孵化。

◆ **苗种早期培育**

受精卵受精 24 小时左右孵化至 D 形幼虫期，选择上浮幼虫，按 15 个 / 毫升左右密度分池培养。幼虫培育期间早期投喂等鞭金藻、叉鞭金藻、小球藻等小型单胞藻，日投喂量随着幼虫的生长逐步增加，3 万～ 8 万个 / 毫升。培养水温 25 ～ 28℃，盐度 18 ～ 25。每天换水 1 ～ 2 次，每 2 ～ 3 天倒池 1 次。当幼虫培育至 4 ～ 5 天时开始附着，及时将幼虫滤出移至采苗池采苗。采苗池一般为水泥池，池底预先铺好 2 毫米厚经过过滤和消毒的海泥。幼虫在受精后 7 天左右可以全部附着。变态中稚贝可采用长流水方式换水，也可用每日换水 1 ～ 2 次的方式。投喂金藻、扁藻和小球藻等混合饵料。每日观察稚贝发育、生长和存活情况，根据实际情况决定倒池和洗苗频次。

◆ **苗种中间培育**

青蛤稚贝生长至 600 ～ 800 微米，可以将苗种进行池塘和滩涂中间培育。池塘中间培育期间需定期施肥，培育充足的浮游植物饵料，以保证苗种饵料需求。苗种培育至壳长 10 毫米左右时可起捕直接用于养成。

文蛤苗种繁育

文蛤苗种繁育是指人工可控环境条件下，将文蛤亲贝所产精卵人工授精，经受精卵孵化培育至商品规格稚贝的过程。可为文蛤养殖提供苗种来源。文蛤苗种繁育主要包括亲本培育、幼虫培养及苗种中间培育。

◆ 亲本培育

从文蛤留种群体中选取健康个体作为亲贝。亲贝表面洗刷干净后，在水泥池或玻璃钢水槽中促熟。促熟期间文蛤培育水温逐渐升高至 26～27℃，投喂硅藻、金藻或扁藻等单胞藻，随温度升高逐步增加投喂量，后期达 15 万～20 万个/毫升。其间每天换水 2 次，每次换水量 1/3～1/2，连续微量充气。将性成熟的亲贝阴干刺激 4～6 小时后，流水刺激 0.5 小时，放入 26～28℃ 海水中诱导排放。受精卵孵化密度为 40～60 粒/毫升，水温 26～28℃，盐度 18～28。

◆ 幼虫培养

受精卵受精 24 小时后孵化至 D 形幼虫期，选择上浮幼虫，按 10 个/毫升左右的密度分池培养。幼虫培育期间早期投喂金藻等小型单胞藻，一般日投喂量 2 万个/毫升；随着幼虫的生长，饵料投喂数量和种类应逐步增加，后期达 8 万个/毫升，日投喂 3～5 次。培养水温 25～28℃，盐度 18～28。每天换水 2 次，每次换水 1/3～1/2。每 2～3 天倒池 1 次，连续微量充气。当幼虫培育至壳长达 180 微米左右并出现眼点时，将幼虫滤出移至采苗池采苗。采苗池一般为 10～50 立方米的水泥池，底通铺经过清洗消毒的细沙。幼虫附着后，采用长流水方式换水。前期继续以投喂金藻为主，后期可适当投喂扁藻和小球藻等单胞藻。根据实际情况，7～10天倒池1次。

◆ 苗种中间培育

文蛤稚贝生长至壳长1毫米左右，应及时将稚贝放入稚贝中间培育设施中培育。中间培育一般在池塘中进行，底部铺1厘米左右厚的细沙，预先在池塘中接种微藻。中间培育期间通过加换水调节池内水色，加入经过沉淀、过滤及肥水处理的海水。经过中间培育的苗种，壳长达1厘米左右，可在池塘或滩涂进行养成。

毛蚶苗种繁育

毛蚶苗种繁育是指在人工可控环境条件下，将毛蚶亲贝所产精卵受精而成的受精卵孵化并培育至商品规格稚贝的过程。为毛蚶养殖或资源增殖提供苗种来源。毛蚶苗种繁育技术主要包括亲本选择调控、苗种早期培育及苗种中间培育。

◆ 亲本选择调控

选择2～4龄，壳长不小于3厘米，壳完整无畸形，足伸缩有力，性腺饱满且处于成熟期的毛蚶个体作为亲贝。采用升温结合饵料强化的培育方式，可调控亲贝比自然状态下提前达性成熟。亲贝采用阴干加流水刺激的方法催产，在海水中排放后自行受精。

◆ 苗种早期培育

毛蚶苗种早期培育包括受精卵的孵化、浮游幼虫培育、附着采苗、稚贝培育等技术环节。一般在专门的贝类繁育场进行。苗种早期培育适宜的海水条件为水温 25 ～ 30℃、盐度 23 ～ 33，溶解氧大于 5 毫克 / 升，氨氮小于 0.1 毫克 / 升，利用底增氧和加换水等措施保持良好的水质条件。浮游幼虫和稚贝培育适宜的饵料种类为金藻、小硅藻、角毛藻或扁藻等单胞藻。毛蚶受精卵经 20 小时左右发育至直线绞合幼虫，俗称 D 形幼虫。浮游幼虫经 15 天左右培育，壳长达 28 厘米左右进入变态附着期，即将营匍匐生活，此时需要投放附着基进行采苗。可采用网片、棕绳、细沙作为附着基，也可用干净的海泥经 200 目筛网过滤后作为附着和稚贝培育的底质。毛蚶进入变态附着阶段的幼虫经 2 ～ 3 天培育后，变态成为稚贝。毛蚶稚贝培育期间，定期清洗附着基或更换底质，用筛绢网收集并清洗苗种。培育至壳长 1 毫米以上的稚贝可用于中间培育。

◆ **苗种中间培育**

一般在池塘中进行，池塘底质以沙质含量 50% 以上的泥沙质底为宜，池塘结构按贝类养成池塘设计，培育区用孔径 20 目的围网保护，防治虾、蟹等敌害生物，定期施肥培育充足的浮游植物饵料，苗种放养密度为 2000 ～ 5000 粒 / 米² 滩面；或将苗种装网袋挂池中暂养，数量约为 2000 粒 / 袋，1 ～ 2 袋 / 米²。毛蚶苗种培育至壳长达 10 毫米左右时可起捕直接用于养成或增殖放流。

马氏珠母贝苗种繁育

马氏珠母贝苗种繁育是指在人工可控环境条件下，将马氏珠母贝亲贝所产精卵受精而成的受精卵孵化并培育至商品规格稚贝的过程。为海水珍珠养殖业提供苗种来源。马氏珠母贝苗种繁育主要包括亲本选择调控、苗种早期培育及苗种中间培育。

◆ **亲本选择调控**

从马氏珠母贝群体中选取健康个体作为亲贝。在繁殖盛期，海区催熟培育的亲贝如性腺成熟度不能满足人工育苗的理想状态时，进一步在室内育苗池通过温控和加强营养的方式催熟培育。培养密度控制在 $20 \sim 30$ 只 / 米^2，连续充气。每天换水量为培养水体的 $1/3 \sim 1/2$，每天对育苗池进行 1 次清底处理。饵料以单胞藻活体饵料为主，兼投喂活性酵母、蛋黄及藻粉等干体饵料。每次投喂量以培育池可见明显藻色为宜，具体视亲贝的摄食及排便情况而定，可 1 天多次投喂。

◆ **苗种早期培育**

马氏珠母贝性成熟亲本精卵采集有人工诱导和人工解剖两种方法。人工诱导法为：亲贝阴干 $2 \sim 3$ 小时，流水刺激 30 分钟，将亲贝置于变温海水中，即升温或降温 $4 \sim 6℃$，浸泡 $30 \sim 60$ 分钟；然后将亲贝置于常温海水中，以诱导精卵自行排出。人工解剖法为：亲贝去掉右壳，采用挤压法或吸管法分别采取精卵，在浓度 $0.004\% \sim 0.007\%$ 的氨海水中进行授精；待受精卵充分沉积底部后，用虹吸法换水洗卵 $2 \sim 3$ 次。水温 $24 \sim 30℃$，盐度 $22 \sim 31$。雌性亲贝与雄性亲贝比例为（3：1）～（5：1）。

收集上浮幼虫，按 2 个 / 毫升左右密度分池培养。幼虫下池后的 $3 \sim 4$ 天内，每天添加部分新鲜的过滤海水，第 3 天或第 4 天加满，第 4 天或第 5 天开始换水。每天换水量从初期的 1/4 到后期的 1/2，换水时的温差不能超过 2℃。幼虫培育期间早期投喂金藻等小型单胞藻，随着幼虫的生长，饵料投喂数量和种类应逐步增加，连续微量充气。当20%～30%的壳顶后期幼虫出现色素点时，开始向育苗池投放采苗器。采苗器在2～3天内分批投完。浮游幼虫变态附着后，稚贝还需在室内育苗池继续培育20～30天，育成壳高2～3毫米稚贝。

◆ **苗种中间培育**

将室内培育的壳高2～3毫米稚贝收集后于海上进行吊殖。养殖期间，不同壳高规格的贝，采用不同的养殖笼具和养殖密度，分笼疏养间隔为10～15天。经2～3个月中间培育达10～20毫米苗种规格。

贻贝苗种繁育

贻贝苗种繁育是指在人工可控环境条件下，将贻贝受精卵孵化并培育至商品规格稚贝的过程。贻贝苗种繁育主要包括亲贝性腺促熟、产卵和孵化、幼虫培养及中间培育。

◆ **亲贝性腺促熟**

亲贝正式开始培育前，需进行清理，剪去足丝，清除贝壳上的附着物和污泥，然后用2～3毫克/升抗生素药浴处理1～2天。一般投喂硅藻为主的单胞藻饵料。在自然水温下稳定3天左右，每天提升0.5℃，到14℃时稳定2～3天，然后每天提升1℃，直到稳定在16℃恒温待产。培育期间，每天换水2次，每次1/2左右，12℃以后每天倒池1次，连续微量充气。有效积温达120℃·日即可产卵。培育期一般30天左右。

◆ **产卵和孵化**

催产简单有效的方法是阴干和变温相结合。将处理好的亲贝放在阴凉处阴干 3 至数小时后，转入比常温高 2～3℃ 的海水中刺激排卵，一般 2 小时后即可产卵排精，产卵排精过程中很容易造成精液过多污染水质，所以产卵过程中要及时捞出雄贝并及时清理泡沫和其他脏物，可用 2～3 毫克／升抗生素抑制病原菌繁殖。孵化过程中要微量连续充气并每隔 1 小时搅池 1 次，使受精卵均匀分布。在 16℃ 条件下，受精卵经 30～40 小时即可发育到 D 形幼虫。受精卵密度一般控制在 30～50 个／毫升为宜。

◆ **幼虫培养**

贻贝幼虫培养密度 10～20 个／毫升为宜，每天换水 2 次，每次换水 1/3～1/2；饵料以金藻为宜，后期摄食量增大，可投喂个体较大的扁藻等单胞藻饵料；微量充气；光照一般可控制在 500 勒以下。幼虫进入附着变态期时，要及时投放附着基，一般在 1/3 左右的幼虫出现眼点时，便可投放附着基。

◆ **中间培育**

当贻贝稚贝壳长达 500 微米以上时，即可转移到海区进行中间培育，壳长 2 毫米以上时即达到商品苗规格。

香港牡蛎苗种繁育

香港牡蛎苗种繁育是指在人工可控环境条件下，将人工催产和人工授精技术获得的香港牡蛎受精卵孵化并培养至商品规格稚贝的过程。

◆ 简史

香港牡蛎属于中国特有的重要经济水产品种类，分布在中国华南沿海，仅福建地区有少量引进。香港牡蛎苗种繁育技术最先在中国广东获得突破，随后在广东、广西得到进一步示范推广。

◆ 基本内容

香港牡蛎人工繁育方法主要包括亲本选择与配子诱导排放、浮游幼虫早期管理、幼虫变态期管理与人工采苗、稚贝过渡期中间培育 4 个部分。

亲本选择与配子诱导排放

选择 2 或 3 龄性成熟香港牡蛎个体作为亲贝。肉眼观察性腺覆盖软体部 1/2 以上，性腺饱满富有弹性，性腺导管清晰可见，滴片检查，可见明显颗粒状卵粒兼具沉降现象。对于性腺发育尚不能完全满足要求的亲贝，采用室内水泥池或室外虾塘暂养，对亲贝性腺进行营养强化，通常 7 天时间效果显著。

获取香港牡蛎配子主要有两种途径：①解剖获取精卵。②通过诱导排放获得。解剖获取法与其他牡蛎相同；香港牡蛎诱导排放获取配子，最有效的方法是低温阴干，然后常温流水刺激。即将性腺发育较好的亲贝，先经 8 ～ 12 小时的低温阴干，后置于产卵池常温下流水刺激，适宜温差 8 ～ 12℃。

浮游幼虫早期管理

香港牡蛎幼虫的培育管理与其他牡蛎的区别在于以下 3 个方面。

环境理化因子的控制。香港牡蛎幼虫培育最适盐度为 15 ～ 25。培育水温控制在 28 ～ 32℃。培育密度按不同发育阶段控制，前期 D 形幼虫放养密度要求小于 15 个 / 毫升；进入壳顶初期，密度迅速降低到 5 ～ 8 个 / 毫升；壳顶后期密度 1 个 / 毫升；眼点期密度控制在 0.2 ～ 0.5 个 / 毫升。

换水管理。因南方繁殖季节高温多雨，海水理化因子从温度、盐度、营养物质到所含微生物种类与数量都变化较大。因此繁育初期，以添加水为主，此后协同 D 形幼虫优选，全换水 1 次，附着基投放前培育过程通常总共换水 3 ～ 5 次。可适量使用微生物制剂维护水质稳定。

饵料投喂。幼虫在受精后 20 小时左右发育到 D 形即能开口摄食。南方高温多雨天气，金藻容易污染，因此以培养云微藻为主。幼虫培育前期，投喂鞭金藻等开口，此后以云微藻为主，辅助以角毛藻。投饵量应控制在 0.5 万～ 2 万个 / 毫升；之后，投饵量依显微镜下检查胃肠饱满度及培育水体的水色来决定投饵增量，每天投喂 3 次。

幼虫变态期管理与人工采苗

当幼虫壳高超过 320 微米，眼点开始出现，立即准备附着基，当 40% 的幼虫出现眼点，且观察到过渡器官"足"发育充分，匍匐运动频繁时，即刻投放附着基。香港牡蛎附着基的选择主要有如下两种：①牡蛎壳串。牡蛎壳在使用之前，需要用高锰酸钾溶液对其进行浸泡消毒，并用海水清洗干净待用，牡蛎壳串最好由水泥黏结而成，不宜采用穿孔制成的传统牡蛎壳串。水泥饼或水泥板块制串。水泥制附着基需要预先脱碱处理。脱碱方法通常为堆置于沙滩任海水冲刷及自然浸泡法，时间不少于 20 天。②人为去碱法，将附着基置于清洗池，加入浸泡海水，同时加入少量草酸或稻草秆，每 3 天换水 1 次，连续 5 次以上，然后用淡水冲洗干净备用。

稚贝过渡期中间培育

包括中间培育选址与培育管理两大部分。中间培育选址主要满足 3 点要求：①盐度稳定在 10 ～ 26。②选择饵料相对丰富的海区内湾，鱼鲴或大型土池用作中间培育的区域，则需要适度肥水，丰富水体浮游植物。③选择海区水流相对平缓内湾，池塘则选择南北走向便于起风浪的水域为宜。

中间培育管理主要以清理附着物，检查死亡与生长状况为主。定期观察与测量以评估苗种活力。预防上游河水流入激增或台风等灾害天气。鱼鲴或大型池塘的中间培育，首先需事先清理池塘，用茶籽饼或生石灰清理池塘。其次，严格过滤池塘注水，要用双层过滤网严格过滤，过滤网的网目宜选用 40 ～ 60 目，以防野杂鱼虾蟹进入。进水时施加有机肥，7 天后施加追肥；待有明显水色时候，放置牡蛎排吊养。定期检查稚贝的生长与存活状况，及时开启增氧设备。如池水老化，由绿转褐，并由褐转深蓝、黑或变白，都属于危险水质，需要通过大排大灌，增加换水来解决。定期清理污损生物，检查进水系统拦网有无破损。待长到 4 ～ 6 厘米时转移到养成海区可显著提高稚贝成活率。

皱纹盘鲍苗种繁育

皱纹盘鲍苗种繁育是指在人工可控环境条件下，将皱纹盘鲍受精卵孵化培养至商品规格苗种的过程。中国在 20 世纪 80 年代突破皱纹盘鲍大规模人工苗种繁育技术及产业化应用。21 世纪以来，随着鲍养殖产业重心南移至福建等海区，皱纹盘鲍苗种繁育产业亦在福建东山等海区快速发展。

皱纹盘鲍苗种繁育主要包括亲本选择调控、苗种早期培育、苗种中间培育等过程。

◆ **亲本选择调控**

皱纹盘鲍苗种繁育所用亲本一般应选择壳体完整、肥满度高、腹足吸力强，且壳长 8 厘米以上个体。用于繁育的雌雄亲本间亲缘关系不宜过近，生产中多以不同种群间杂交方式进行苗种繁育，以免因近亲原因影响后代的养殖性能。皱纹盘鲍生殖腺发育成熟度与有效积温有关，当有效积温达 1000 ～ 1700℃·日即可成熟。中国南方一般以秋季繁育为主，北方一般以春季繁育为主。在皱纹盘鲍亲本促熟过程中，应注意养殖密度、培育水温以及饵料等养殖参数的调控，一般应雌雄分养；笼养密度比商品鲍生产稍低；水温一般以 20℃ 恒温培育；饵料以新鲜海带为主，每日视残饵情况增减调节。

◆ **苗种早期培育**

皱纹盘鲍苗种孵化及早期培育应提前培养底栖硅藻，一般采用聚乙烯波纹板作为底栖硅藻附着基，接种藻种后流水常温培育至适宜密度，以备皱纹盘鲍采苗、附苗用。皱纹盘鲍的人工催产一般采用阴干、升温水及紫外线照射海水刺激方法进行，将排放的精卵人工授精，随后将受精卵按适宜密度静水培育至后期面盘幼虫，之后将眼点期面盘幼虫均匀撒入附有底栖硅藻的育苗池中，再经 1 ～ 3 日幼虫浮游后开始附着变态，成为附苗期稚贝，当附苗期稚贝规格达 3 ~ 4 毫米即可转入中间培育阶段，即对稚贝进行剥离后的中间培育。

◆ 苗种中间培育

剥离后 3 ~ 4 毫米的鲍苗放养于育苗池内，育苗池内一般以砖瓦、塑料板等作为中间培育期附着基。中间培育期应调节苗种培育密度，随苗种规格的增长进行疏密操作；饵料投喂以人工配合系列饲料为主，投饵量可控制在全池鲍苗总全湿重量的 1.5% ~ 5%；日常管理以流水或循环水培育，加强充气，每隔 1 ~ 2 天冲池 1 次，同时观察稚鲍摄食情况，适当调节人工饵料的投喂量。每天观察稚鲍生长情况，记录其死亡率等，及时处理可能发生的问题。

棘皮动物苗种繁育

棘皮动物苗种繁育是指在人工可控环境条件下，将海参、海胆等棘皮动物受精卵培养至商品规格苗种的过程。

棘皮动物是大型底栖动物的重要类群和组成部分，有些棘皮动物是珍贵食品，具有较高的经济价值，如海参、海胆等，而苗种繁育是实现其人工养殖的基础和重要环节。因此，日本于 20 世纪 30 年代率先开展海参育苗技术的研究，80 年代与中国几乎同时建立了海参的人工育苗技术。日本于 70 年代进行了红海胆、马粪海胆及紫海胆的人工育苗研究，中国于 80 年代开始大连紫海胆、马粪海胆、黄海胆等苗种繁育技术的研究。另外，韩国和爱尔兰也已具备海胆育苗能力。

棘皮动物苗种繁育主要包括亲本选择调控、苗种早期培育及苗种中间培育等过程。

◆ **亲本选择调控**

亲本应选择野外捕获、个体较大、无伤、性腺饱满的海参或海胆，可通过短期环境因子胁迫诱导产卵，主要包括温度、光照、盐度、浪潮通量、饵料组成、诱导剂诱导产卵等。生产中常用的诱导方法有：①升温诱导法。用人工方法使海水水温升高 3 ~ 5℃，亲参在温度的刺激下即可排精、产卵。绿海胆可通过降低水温 5℃ 使产卵期提前 2 个月。②阴干流水刺激法。如刺参可通过阴干流水刺激法诱导产卵。③诱导物产卵法。微藻的粉末均可作为黄乳海参良好的产卵诱导剂，且该微藻的诱导产卵效果比温度刺激更好。虾夷马粪海胆可用 0.5 摩 / 升的氯化钾溶液刺激产卵。

◆ **苗种早期培育**

海参发育主要经过受精卵—囊胚—原肠胚—小耳幼体—中耳幼体—大耳幼体—樽形幼体—五触手幼体—稚参等过程。当海参幼体从大耳幼体发育至五触手幼体期，便从浮游转为附着生活后变态发育成稚参，此时应及时投放附着基。幼体会根据物理、化学及生物学特性选择合适的附着基变态发育，附有底栖硅藻、细菌和藻类提取物的附着基可以诱集海参幼体的附着。

海胆早期发育经历胚胎发育和幼体发育过程。幼体发育主要经历棱柱幼体—四腕幼体—六腕幼体—八腕幼体—稚海胆等过程。海胆苗种早期幼体生长及存活率与水温关系很大，故应保持适宜水温。幼体培育密度以 0.5 ～ 0.8 个 / 毫升为宜。幼体经 15 ～ 20 天结束浮游生活，浮游幼体长至长腕幼虫的八腕后期幼体时，呈稚海胆雏形，不久开始变态长成稚海胆。稚海胆的培育可使用铺沙双层底的 15 立方米混凝土水槽，附着基可采用聚氯乙烯波形板，并附有一定数量硅藻饵料，并且密度应适当。

◆ **苗种中间培育**

海参、海胆苗种繁育绝大多数在室内工厂化条件下进行，苗种的中间培育多在工厂化或野外池塘中进行。随着浅海底播增养殖产业的发展，对海参苗种质量提出了更高要求，可依托池塘、围堰、潟湖、网箱等自然海区环境条件，利用亲参直接产卵或幼体自然生长发育的方式进行生态苗种繁育，培育的苗种更适应自然环境条件，成为海参苗种繁育的重要发展方向。

海胆苗种繁育

海胆苗种繁育是指在人工可控环境条件下，将亲海胆所产精卵受精而成的受精卵培养至商品规格幼海胆的过程。实现海胆人工养殖的基础和重要环节。日本于 20 世纪 70 年代率先开展了红海胆、马粪海胆及紫海胆的人工育苗研究。中国于 80 年代开始开展对大连紫海胆、马粪海胆等苗种繁育技术的研究。

海胆苗种繁育技术主要包括亲本选择调控、苗种早期培育及苗种中间培育过程。

◆ **亲本选择调控**

亲本一般可选野外捕获的亲海胆，部分选择养殖亲海胆。不同种类海胆的亲本大小选择标准不一，如红海胆壳径 5 ～ 6 厘米，绿海胆为 3 ～ 4 厘米。海胆采卵可通过 3 种方法：可按其自然规律进行采卵，如红海胆可在 11 月上旬自然采卵；可通过控制水温的方法促进或推迟产卵期，如绿海胆可通过降低水温 5℃ 以提前产卵期 2 个月；可采用氯化钾（KCl）溶液刺激催产，如虾夷马粪海胆可用 0.5 摩 / 升的氯化钾溶液刺激产卵。

◆ **苗种早期培育**

海胆早期发育经历胚胎发育和幼体发育过程。幼体发育主要经历棱柱幼体、四腕幼体、六腕幼体、八腕幼体、稚海胆等阶段。海胆苗种早期幼体生长及存活率与水温关系很大，故应保持适宜水温。幼体培育密度以 0.5 ～ 0.8 个 / 毫升为宜，美丽角毛藻是海胆浮游幼体期的理想饵料。饵料质量对浮游幼体的生长及存活率也有相当的影响。幼体经 15 ～ 20 天结束浮游生活，浮游幼体长至长腕幼虫的八腕后期幼体时，呈稚海胆雏形，不久开始变态长成稚海胆。

稚海胆培育可使用铺沙双层底的 15 立方米混凝土水槽，附着基可采用聚氯乙烯波形板。壳径 1 ～ 2 毫米稚海胆最理想的饵料是附着硅藻，红海胆、绿海胆可以纺锤喇叭藻等为补助饵料。采苗板应附有一定数量硅藻饵料，并且密度适当，如虾夷马粪海胆以 300 ～ 500 个 / 板为宜。稚海胆长至壳径 2 ～ 3 毫米时，可单独用海藻培育。此规格的红海胆、绿海胆用纺锤喇叭藻培育时，长至壳径 10 毫米规格的存活率达

80% ～ 90%。稚海胆怕水流冲击和干燥，可把集中到纺锤喇叭藻袋上摄食的稚海胆连袋一起轻轻收取、分送。稚海胆长至 5 毫米时具有夜行性，白天很难集中于纺锤喇叭藻上，因而可提前 2 ～ 3 小时覆盖 2 片遮光布于水槽上，有利于稚海胆很快集中于纺锤喇叭藻袋上。

◆ 苗种中间培育

海胆苗种培育一般在室内条件下进行，稚海胆经过 3 个多月培育，壳径达 3 ～ 5 毫米可剥离进行中间培育。海胆苗种中间培育多在工厂化或野外海区的网箱中进行，培育过程中应及时把爬离水面的幼海胆剥离到水中。

紫海胆苗种繁育

紫海胆苗种繁育是指在人工可控环境条件下，将紫海胆受精卵孵化并培育至商品规格幼体的过程。紫海胆是中国南方沿海重要经济种类，其生殖腺具有较高的食用和药用价值，是海南名贵的旅游食品。由于过度捕捞等原因，紫海胆资源量逐年下降，野生紫海胆已难满足市场需求。中国学者于 1999 年对紫海胆人工育苗技术进行了初步研究，探索出易于应用推广的育苗技术。

紫海胆苗种繁育主要包括亲本选择调控、苗种早期培育及苗种中间培育等过程。

◆ 亲本选择调控

可选用壳径 5.6 ～ 6.6 厘米、体重 100 ～ 128 克的野生海胆作为亲海胆。运回育苗场后，放于室外水泥池中暂养，暂养密度 10 ～ 20 个 /

米^{2}为宜，并采用遮阳棚（90% 遮光率）遮光。暂养期间投喂江蓠、海带作为饵料，每 3 ～ 5 天投饵 1 次，投饵前清理残饵和粪便。暂养过程中进行流水和连续充气，日流水量为暂养池水体的 1 ～ 2 倍。亲胆性腺发育成熟后，一般采用氯化钾溶液刺激催产。可用注射器在亲胆围口膜处注射 0.5 摩 / 升的氯化钾溶液，根据亲胆个体大小注射量 1 ～ 3 毫升不等。注射完成后，将亲胆反口面向下，放置于盛满过滤海水的烧杯上，使海水淹盖生殖孔，促进其排放精卵，用烧杯分别收集每个亲胆的配子。

选用精子量多、呈乳白色的精液对卵子量较多、呈橙黄色的卵子进行授精。先将烧杯中卵子用纱布滤进 30 升过滤海水的受精缸中，加入适量精子，用玻璃棒搅拌使精卵充分混合均匀。经过 30 ～ 50 分钟卵子全部下沉之后，进行洗卵。具体可采用虹吸法去掉上层海水，加入新鲜过滤海水，重复 4 ～ 5 次。在 28.5 ～ 30.4℃ 水温下，受精卵经过 7 小时孵化发育为上浮的纤毛囊胚。

◆ **苗种早期培育**

紫海胆早期发育经历胚胎发育和幼体发育。幼体发育一般经历棱柱幼体—二腕幼体—四腕幼体—六腕幼体—八腕幼体—稚海胆等过程。幼体孵化上浮后，采用虹吸方法选取上层健壮、运动力强的幼体。经选育的幼体放于室内育苗池中进行培育，幼体放养密度 0.32 ～ 0.43 个 / 毫升为宜，使用螺旋藻粉 + 光合细菌进行投喂，可使紫海胆生长变态为稚海胆，且变态为八腕幼体时成活率较高。每天投饵 2 次，投饵量以镜检幼体饱食情况进行调节。此外，也可将其放入 50 毫摩 / 升的氯化钾池水中浸泡诱导浮游幼虫变态，以提高浮游幼虫变态率，缩短育苗时间。培育期间每天换水 1 次，换水量为育苗水体的 1/3 ～ 1/2。整个幼体培育过程不间断充气。

幼体下池后经 5 ～ 6 天变态为八腕幼体，八腕幼体经 3 ～ 5 天发育，前庭复合体（海胆原基）形成。布设附着底栖硅藻的塑料薄膜采苗器于育苗池中。当八腕幼体有管足自前庭复合体内伸出的数量达 30% 左右时，可收集幼体投入育苗池中进行采苗。

◆ 苗种中间培育

前期稚海胆以采苗器上附着的底栖硅藻为饵料，为促进底栖硅藻的生长繁殖，保证稚海胆饵料的供应，可采用遮阳棚（90% 遮光率）将育苗池光照强度调节至 1 万勒以内。稚海胆全部附着于采苗器 3 天后，开始流水培育，流水量为育苗水体的 1 ～ 2 倍为宜。在此过程中，保持育苗池水温 18 ～ 30℃。稚海胆附着后经 3 ～ 4 个月培育，壳径可达 3 ～ 5 毫米，此时可进行剥离。将剥离的幼海胆放于 0.8 米 ×0.8 米 ×0.6 米的网箱中培育。密度 1500 ～ 2000 个 / 箱为宜。网箱放置于室外水池，水池上方设遮阳棚，避免阳光直射。以江蓠、海带为饵料，2 ～ 3 天投喂 1 次。其间流水和连续充氧培育，日流水量占原水体 1 ～ 2 倍。培育过程中，每天应将爬离水面的幼海胆剥离放入水中，以免露空死亡。

光棘球海胆苗种繁育

光棘球海胆苗种繁育是指在人工可控环境条件下，将光棘球海胆受精卵孵化并培育至商品规格稚海胆的过程。光棘球海胆性腺制品为高级海珍滋补品之一，且性腺提取物具极高医药价值。日本学者早在 20 世纪 70 年代便对光棘球海胆人工育苗进行了研究，并获得一定数量的幼海胆。中国学者在 20 世纪 80 年代对光棘球海胆人工育苗进行了初次研究，随后又进行了苗种生产试验，取得阶段性的成果。

光棘球海胆苗种繁育主要包括亲本选择调控、苗种早期培育及苗种中间培育等过程。

◆ 亲本选择调控

光棘球海胆具有雄性早熟、个体大者早熟及 1 龄即达性成熟的特征。但选择亲胆时，一般选用 3 龄以上，壳径 6 厘米以上的笼养海胆。在光棘球海胆繁殖季节及繁殖盛期，如长岛海域繁殖期为 7～8 月底，繁殖盛期为 8 月中旬，选择自然条件优越海区，采捕成熟度好且尚未排放配子的亲胆，可确保海胆育苗的顺利进行。繁殖盛期的生殖腺指数 = ［生殖腺重（克）/ 体重（克）］×100%，平均为 24.6，最大为 31.8。对成熟度较差的亲胆，可短时暂养，其间投喂海带及石莼等藻类；若成熟度较好，可直接催产。

催产方法一般采用氯化钾溶液刺激法，用皮下注射器将 500 摩 / 毫升的氯化钾溶液经围口腔膜对准生殖腺中部注入，注射后的亲胆反口面朝下，置于采卵器中，让海水浸没生殖孔及部分外壳，成熟个体会在 1～2 分钟内排放配子，持续 10 分钟左右，此种方法诱导率可达 94.5%。雄性精液为乳白浆状，雌性卵子为浅黄的微粒状或块状。发现排放立即区分，分别收集精卵。

23℃ 条件下，精子 1～2 小时可保持正常的受精能力，1 小时内的受精率最高。将收集到的卵定量，1小时内加入一定量的活泼精子授精，保持适宜的理化水质条件，并定时搅动池水防止受精卵堆积。显微镜下观察1个卵子周围有3～5个精子为宜，如果精子量过多，则需洗卵3～5次，以除去多余精液及黏液，多余精子会使卵膜受损畸形和水质败坏。受精卵按小于5个/毫升的密度分池孵化，孵化水温20～23℃，其间采取轻量充气并定时搅动，以提高孵化率。

◆ **苗种早期培育**

光棘球海胆早期发育经历胚胎发育和幼体发育。幼体发育一般经历棱柱幼体—二腕幼体—四腕幼体—六腕幼体—八腕幼体—稚海胆等过程。受精卵1天左右发育到棱柱幼体，2天发育到二腕幼体。幼体发育适宜水温20～23℃，浮游幼体期生长发育的适宜盐度为27～35，经近20天的浮游生活，才变态为底栖匍匐生活，要提高浮游幼体的生长发育及成活率，培育密度小于1个/毫升。幼虫发育到四腕幼体，消化系统开始完善并摄食浮游单胞藻。饵料用牟氏角毛藻、湛江叉鞭金藻、新月菱形藻等单投或混投，日投饵2～3次，投饵量0.5万～7万细胞/毫升；日换水2次，换水量前期半量，后期增至全量。由于海胆幼体极娇嫩，不耐冲撞，操作要仔细，培育期间要定时充气或搅动。

八腕幼体后期，海胆原基充分发育，一旦5只管足伸出体外，应立即移入附有底栖硅藻的波纹板到变态池中，板上的底栖硅藻应提前1个月开始培养。为使苗附着均匀，3天后将采苗筐翻转一下。附着前2天内不换水，以防稚海胆附着不牢而脱落，以后可适当换水。通常投放后2天就能看到稚胆附着，5～6天附着完毕，八腕幼体后期平均每板采集 300 ～ 500 个为宜。可通过调节光照等方法促进附着板上的底栖硅藻繁生，以满足稚海胆的生长需要。

◆ 苗种中间培育

变态 1 个月左右，稚海胆有的壳径达 3 毫米以上，此时便能啮食多细胞藻类及有机碎屑，而附着板上的底栖硅藻量不足，就需要补投一些薄嫩的褐藻及绿藻幼苗，也可投喂配合饲料似鲍鱼网箱流水饲育。当稚海胆壳径达 5 毫米以上时，可采用氯化钾或尿烷将其剥离进行中间培育。壳径 5 毫米前稚海胆的成活率不稳定，易死亡。之后的成活率可高达 94% 以上。把海胆育成壳径 1 厘米以上的增养殖规格，要进行室内越冬或海上笼箱养育越冬。

虾夷马粪海胆苗种繁育

虾夷马粪海胆苗种繁育是指在人工可控环境条件下，将虾夷马粪海胆受精卵孵化并培育至商品规格稚海胆的过程。虾夷马粪海胆原产于日本北海道和俄罗斯远东等地沿海。1989 年 5 月，中国大连水产学院从北海道引进 500 枚 0.3 ～ 1.3 厘米的海胆幼苗，并在大连黑石礁海区开展筏式人工养殖试验，养至 1990 年 10 月性成熟并进行首次育苗，培育出子一代，成功掌握苗种繁育技术。1993 ～ 1995 年，开展大规模生产性人工育苗，至 1996 年 9 月育出幼胆和成胆共计 500 余万枚，养殖范围在 1997 年就已扩大至辽宁和山东两省，已逐渐成为中国重要海产经济品种。

虾夷马粪海胆苗种繁育主要包括亲本选择调控、苗种早期培育及苗种中间培育过程。

◆ **亲本选择调控**

种海胆可选用海区自然成熟个体，也可选用未成熟个体人工促熟培育。选择的种海胆外形要求完整、无损伤，壳径 4 ～ 6 厘米。为保证子代苗种质量，雌雄种海胆最好使用不同海区不同批次的养殖个体。种海胆室内饲育饵料为海带和煮熟的贻贝肉。其间每日全换水 1 次或流水 1 ～ 2 倍，24 小时充气，自然光周期，黑色波纹板遮光。采用网箱或塑料箱培育，密度 10 ～ 20 个 / 米³ 水体为宜。

种海胆促熟培育主要是通过调节培育水温，并辅以调整光照、饵料、水质等，为其提供性腺发育的良好环境加快生殖腺的发育成熟过程。升温促熟应缓慢升温（每天 1℃ 左右），所需的有效积温应在 800 ～ 1000℃·日以上，积温达 1200 ～ 1600℃·日时对海胆催产较为合适。在采卵前可对生殖腺成熟度进行检测，以生殖腺指数 =[（生殖腺重 / 全重）×100] 为依据，当其小于 20 时为不成熟，20 ～ 30 时为近似成熟或成熟。常用 0.5 摩 / 升的氯化钾溶液诱导产卵，阴干 0.5 小时后通过围口膜对准生殖腺中部体腔注射 1 ～ 2 毫升，然后让海水浸泡生殖孔，使性产物顺利排入海水中，接近成熟期的海胆 1 ～ 2 分钟即可排放精、卵，排放后将其分别收集，在卵液中加入少许精液，授精后将受精卵放于 15 升玻璃缸中孵化，密度 20 ～ 30 个 / 毫升，孵化水温 15.8 ～ 18.5℃。

◆ **苗种早期培育**

虾夷马粪海胆早期发育经历胚胎发育和幼体发育。幼体发育一般经历棱柱幼体—二腕幼体—四腕幼体—六腕幼体—八腕幼体—稚海胆等。幼体在二腕幼体期到四腕幼体期的密度控制在 1 个 / 毫升左右，到八腕幼体期时密度控制在 0.5 个 / 毫升左右，供给适量的纤细角毛藻，幼虫培育期间光照强度控制在 300 勒以下。每 0.5 ～ 1.0 小时搅水 1 次。四腕幼体、六腕幼体、八腕幼体分别采用 260 目、200 目、120 目网箱进行换水。定期观察幼苗发育、摄食情况，适当调整投饲量。

幼虫发育至八腕幼体后期，将幼虫移至放有波纹板的池内，波纹板提前 20 ～ 40 天接种底栖硅藻，按常规方法培养。幼虫投放量以 0.2 ～ 0.4 个 / 厘米³ 波纹板为宜。投放幼虫后将板平放（20 个 / 组）。1 ～ 2 天附着密度适量后将板翻转，以利于另一面附着。幼虫未附牢前（5 ～ 7 天）每日换水 2 次，每次 1/2，投喂纤细角刺藻。附着后将波纹板吊挂于池内培育，其间每日流水或间断流水培育，流水量为培育水体的 1 ～ 5 倍。水温 13.8 ～ 18.5℃。通常幼虫经 18 ～ 20 天发育开始变态，21 ～ 22 天变态完成并发育成稚海胆。

◆ **苗种中间培育**

稚海胆壳径达 3 ～ 5 毫米时，食性开始转化，此时可进行高温期剥离。采用海藻诱导法剥离，10 天后成活率可达 95%。将剥离后稚海胆放入网箱（75 厘米 × 75 厘米 × 25 厘米）中进行流水饲育，投喂新鲜孔石莼或鲜嫩海带。壳径 0.5 ～ 1.0 厘米的海胆适宜密度在 2300 个 / 米² 以内，1 ～ 2 厘米应该在 1200 个 / 米² 以内。海带可作为虾夷马粪海胆养殖的首选饵料。7 ～ 11 月为海带供应淡季，此时石莼资源量较多，可改投石莼。此外，不同饵料对海胆生长的作用效果不同，有些饵料适于体壁的增长，有些则支持生殖腺发育。如裙带菜对壳径的增长效果较好，但对体重的增长效果较差。日本在海胆中间育成中普遍采用海胆配合饲料，海胆生长速度为投喂海藻的 1.5 倍，饵料系数可达（1.5 ～ 1.8）：1。

海参苗种繁育

海参苗种繁育是指在人工可控环境条件下，将亲海参所产精卵受精而成的受精卵培育至商品规格稚参的过程。日本于 20 世纪 30 年代率先开展海参育苗技术研究，并于 80 年代与中国几乎同时建立刺参的人工育苗技术。海参苗种繁育技术主要包括亲本选择调控、苗种早期培育及苗种中间培育等过程。

◆ 亲本选择调控

选择个体较大、无伤，性腺饱满的海参作为亲本。可通过短期环境因子胁迫诱导产卵，主要包括：温度、光照、盐度、浪潮通量、饵料组成等。生产中常用的诱导方法有：①升温诱导法。用人工方法使海水水温升高 3 ～ 5℃，亲参在温度的刺激下即可排精、产卵。如糙海参、黄乳海参、白底辐肛参可通过控温诱导产卵。②阴干流水刺激法。将蓄养池内的水排干，使亲参阴干 0.5 ～ 1 小时，再用流水缓慢冲流 40 ～ 50 分钟，之后注入新鲜海水，1.5 ～ 2.0 小时，亲参即开始沿池壁向上移动，活动频繁，不久即可排精、产卵。如刺参可通过阴干流水刺激法诱导产卵。③微藻诱导产卵法。微藻的粉末可作为黄乳海参的良好产卵诱导剂，且该微藻的诱导产卵效果比温度刺激更好。

◆ 苗种早期培育

海参的发育过程主要经过受精卵—囊胚—原肠胚—小耳幼体—中耳幼体—大耳幼体—樽形幼体—五触手幼体—稚参等过程。当海参幼体从大耳幼体发育至五触手期，便从浮游转为附着生活后变态发育成稚参，此时应及时投放附着基。幼体会根据物理、化学及生物学特性选择合适的附着基变态发育，如透明聚乙烯波纹板和网片是刺参苗种繁育中常用的附着基材料，材料来源广、成本低、质地无毒、附着效果好、适宜大生产采用。叶瓜参幼体喜好附着于碎石和岩石表面；温带种箱参的五触手幼体有群集于成参附近的习性；附有底栖硅藻、细菌和藻类提取物的附着基可以诱集刺参和糙海参幼体的附着，铺有海龟草的附着基上糙海参幼体的附着率较高。

单胞藻是海参幼体生长发育过程中不可缺少的饵料，不同海参的幼体在不同发育时期对单胞藻的需求量是不同的。如糙海参耳状幼体的培育过程中，单胞藻的适宜投喂量为 1 万～ 2 万细胞 / 毫升；刺参幼体培育早期，单胞藻的最适浓度为 0.5 万细胞 / 毫升，而幼体发育后期的最适浓度约为 3 万细胞 / 毫升。

◆ 苗种中间培育

海参苗种繁育绝大多数在室内工厂化条件下进行，海参苗种的中间培育多在工厂化或野外池塘中进行。随着浅海底播增养殖产业的发展，对海参苗种质量提出了更高要求，依托池塘、围堰、潟湖、网箱等自然海区环境条件，利用亲参直接产卵或幼体自然生长发育的方式进行生态苗种繁育，培育的苗种更适应自然环境条件，成为海参苗种繁育的重要发展方向。

糙海参苗种繁育

糙海参苗种繁育是指在人工可控环境条件下，将糙海参受精卵孵化并培育至商品规格稚参的过程。20 世纪 80 年代，中国开始糙海参人工育苗研究，但因技术相对落后，无法实现规模化养殖。21 世纪以来，糙海参苗种繁育技术开始走向成熟。糙海参苗种繁育主要包括亲本选择调控、苗种早期培育及稚参中间培育 3 个过程。

◆ 亲本选择调控

选择个体大、怀卵量多，卵成熟度好的亲参。亲参养殖用水经沉淀池、高位砂滤池、紫外线灭菌，并用棉网袋过滤，水温掌握在 21 ～ 30℃，每天换水 50%，持续充气增氧并积极清洁池底。亲参饲料由幼参料、成参料和海泥混合，每日投体重的 8%，分 2 次投喂。亲参对光照要求不高，室内自然光照即可。亲参经 45 天的培育后，可以用于人工繁殖。

◆ 苗种早期培育

胚体孵出发育至耳状幼体阶段，移入浮游幼体培育池。利用升温系统将水温控制在 20 ～ 30℃。以大耳幼体为准，培育密度一般为 30 万个 / 米³ 水体，投喂饵料为单细胞藻类，持续增氧，光照控制在 1000 ～ 2000 勒。耳状幼体进一步成长发育为樽形幼体，当樽形幼体达

20% 左右时，开始投放附着基。稚参培育水温控制在 20 ～ 30℃，培养密度为 0.2 ～ 0.5 头 / 米³ 水体。稚参培育第 2 天开始投喂底栖藻类、配合饲料和海泥组成的饲料。稚参阶段主要防止细菌感染和桡足类繁殖。

◆ **稚参中间培育**

1 厘米以下的稚参一般直接在附着基上养殖。稚参的培育应加大换水量、充气量及投饵量。养殖用水要求水质清新、无污染，利用升温系统将水温控制在 20 ～ 30℃。随着稚参进一步的生长，规格差别越来越大，应适时将大、中、小的个体分池培育，以促进小个体的生长，稚参的培育密度控制在 0.1 头 / 米³ 水体。稚参阶段投喂配合饲料和底栖藻类，1 天投喂 2 次，每天全量换水 1 ～ 2 次，10 天左右倒 1 次池，对附着基和池底进行彻底消毒。

刺参苗种繁育

刺参苗种繁育是指在人工可控环境条件下，将人工刺激亲刺参产卵产精，精卵结合后经卵子发育、浮游幼体培育、稚参培育等培养至商品苗种的过程。刺参是中国北方和日、韩等国的主要海参养殖物种。

日本于 1937 年在刺参人工授精技术上取得突破，培育出了少量大耳幼体；1950 年，以无色鞭毛虫作为幼体饵料在 1.9 立方米水体中培育出稚参 569 个；1977 年，日本福冈县丰前水产试验场在 1 立方米水体中培育出了 7.5 万头稚参。中国于 1954 年开展刺参人工授精研究并取得初步成功，并于次年在室内培育出少量小刺参。于 1974 年重新开展刺参苗种繁育的研究工作，并在 20 世纪 70 年代末 80 年代初基本掌握了刺参苗种繁育技术。

刺参苗种繁育技术主要包括亲本选择调控、苗种早期培育及苗种中间培育 3 个步骤。

◆ **亲本选择调控**

夏至前后是亲参采捕的最佳时机，可采捕池塘人工养殖或自然海区生长的刺参，选择个体较大、无伤，性腺饱满的亲参。运输时应注意避免参体挤压，并防止高温。运回后人工暂养，水温控制在 16 ～ 18℃。亲参培育密度不超过 30 头 / 米 ^{2}，每日按亲参体重的 4% 投喂鼠尾藻碎屑或人工配合饲料，暂养以 7 天左右为宜。待刺参性腺发育成熟，采用升降温刺激法（温差在 3 ～ 5℃）或阴干流水刺激法（阴干 0.5 ～ 1.0 小时）可诱导刺参产卵。产卵一般选择在晚间 7 ～ 10 时进行，发现亲参活动频繁，并沿着池壁上移，不久雄性便会排精，0.5 ～ 1 小时后雌性亦产卵，此后受精并孵化。

◆ **苗种早期培育**

刺参的发育过程主要经过受精卵—囊胚—原肠胚—小耳幼体—中耳幼体—大耳幼体—樽形幼体—五触手幼体—稚参等过程。当海参幼体从大耳幼体发育至五触手幼体期，便从浮游转为附着生活后变态发育成稚参。当胚胎发育到小耳幼体时进行选育，用尼龙丝网拖选或虹吸选育，培育池密度控制在 0.5 个 / 毫升左右。刺参幼体的适口饵料有盐藻、角毛藻、叉鞭金藻等；此外，鼠尾藻磨碎液等也可作为替代饵料，采用金黄色藻和硅藻混合投喂效果更好。在生产中要通过镜检刺参幼体胃的饱满程度而加以调节，一般胃区内有 1/2 饵料即可。当幼体 20% ～ 30%

发育至樽形幼虫时，即可投放网片和透明聚乙烯波纹板框架作为附着基，确保附着基上有足够的底栖硅藻等作为饵料，以提高刺参幼体的变态率。随着稚参的生长，要及时补充新的底栖硅藻及鼠尾藻磨碎液，当稚参体长达 2 毫米以上时，可完全以鼠尾藻磨碎液为饵料。

◆ **苗种中间培育**

刺参苗种繁育绝大多数在室内工厂化条件下进行，刺参苗种的中间培育多在工厂化或野外池塘中进行。随着浅海底播增养殖产业的发展，对刺参苗种质量提出了更高要求，依托池塘、围堰、潟湖、网箱等自然海区环境条件，利用亲参直接产卵或幼体自然生长发育的方式进行生态苗种繁育。生态苗种繁育在大幅降低生产成本的同时，避免药物污染，既可保护自然环境，又可增强刺参苗种的抗逆性，将会成为刺参苗种繁育的一个趋势。

藻类苗种培育

藻类苗种繁育是指采用不同的方式繁育出藻类幼苗的过程。一般包括种藻的选择、孢子的诱导放散、附着和萌发等过程。藻类生活史类型多样，生长特性各异，因此在进行苗种繁育时所用的方法也不尽相同，或者全人工育苗，或者半人工育苗，或者自然采苗。藻类苗种繁育关键环节主要有亲本选择调控、苗种早期培育和苗种中间培育。

◆ **亲本选择调控**

由于藻体形态各异，或为叶片状如海带、紫菜等，或为分枝状（圆柱状）如江蓠、龙须菜等。因此在选择亲本时，不同的物种应采用不同的标准，但一般应筛选生长速度快、品质优良、抗性强、成熟度高、色泽好的藻体作为亲本，尤其应选择遗传背景清晰的藻体。获得优良的亲本后，根据物种的不同采用不同的处理方式，如紫菜亲本可阴干处理后冻存，也可直接采苗接种，海带、裙带菜等则采用阴干刺激诱导孢子释放。为防止优良性状退化，经济海藻栽培数代后，不同遗传背景的亲本一般需杂交复壮。

◆ **苗种早期培育**

经济海藻物种间差异极大，在分类阶元上一般为门之间的差异，所以苗种早期培育过程各不相同，但一般都在室内进行。对于紫菜等而言，苗种的早期培育为果孢子或打碎的游离丝状体接种至贝壳到壳孢子释放附着阶段；对于海带、裙带菜等而言，从游孢子采集到幼孢子体形成为苗种早期培育阶段。对于部分不能进行人工采苗的藻类，苗种早期培育在海上进行。

◆ **苗种中间培育**

藻类苗种的中间培育指将附着在生长基上的幼苗培育至分苗或分网，即叠加在一起的苗帘分开张挂或进入冷藏库的过程。对于海带等而言，苗种中间培育是指将附着于生长基的幼孢子体在室内或海区培育至一定长度（12～15厘米）到分苗的过程。对于紫菜等而言，尤其是条斑紫菜，首先将数张附着有壳孢子的网帘叠放在一起，在栽培海区培育至幼苗可见，然后再进行分网或进入冷藏库的过程。

紫菜苗种繁育

紫菜苗种繁育是指在人工可控环境条件下，将紫菜丝状体人工培育至商品规格幼苗的过程。

紫菜生产中普遍采用贝壳育苗法。使用贝壳，如文蛤、牡蛎、珍珠蚌等作为生长基，主要过程包括接种、丝状体培养、壳孢子诱导释放及附着等。还有酶解叶状体育苗法、游离丝状体育苗法和单孢子育苗法等，但截至 2017 年底均未在生产中大规模使用。紫菜苗种繁育主要有亲本选择调控、苗种早期培育和苗种中间培育等环节。

◆ 亲本选择调控

采果孢子苗时，需筛选藻体长、色泽好、韧性强、果孢子囊群面积大且成熟度高的紫菜藻体作为亲本，并去除杂藻，用干净海水洗净，阴干后冻存备用。采丝状体苗时，需利用筛选的亲本诱导获得丝状体并培养，然后将丝状体打碎至 50 ～ 100 微米后均匀接种至贝壳。

◆ 苗种早期培育

接种方式可分为果孢子接种和丝状体接种。一般在每年的 4 月中下旬进行，从接种到采壳孢子苗约需 5 个月。果孢子接种时，将亲本放散的果孢子计数后直接喷散于贝壳上。丝状体接种时，选择亲本后诱导获得丝状体，将丝状体进行扩大培养，打碎后计数再接种于贝壳。接种时，首先将清洗干净的贝壳珍珠层朝上整齐排列于育苗池中，然后将果孢子或打碎后的丝状体喷散于育苗池中，通过自然沉降使其附着于珍珠层。接种后先避光培养数天，使果孢子或丝状体钻入贝壳，此后调节光强使其生长。果孢子或丝状体钻入贝壳后需定期清洗贝壳去除杂藻（质），同时定期换水并添加营养盐。根据藻丝生长情况及时调整光强，在后期水温上升时贝壳内的丝状体将形成壳孢子囊枝，此时要注意防止病害，刷洗贝壳时要防止损伤。在适宜的条件下，通过刺激诱导壳孢子集中大量放散。当放散的壳孢子量足够多时将苗帘放入育苗池中，通过水流使壳孢子悬浮并附着于苗帘上，当达到一定数量后将苗帘取出，放入新的苗帘继续采苗。

◆ **苗种中间培育**

中间培育时，将数张附着壳孢子的苗帘叠加后张挂在筏架上，待紫菜幼苗可见时，将网帘分开张挂或转移至冷库中，条件合适时再重新张挂后栽培。培育期间注意防止污泥或杂藻并根据情况对网帘进行干出。

海带苗种繁育

海带苗种繁育是指在人工可控环境条件下，将海带孢子体或配子体培育成养殖用规格幼苗的过程。海带苗种繁育分为孢子体育苗和配子体育苗。根据采苗和培育时间的不同，海带的种苗又可分为秋苗和夏苗，两者都是利用孢子放散采苗，并在低温、光照和流水的条件下进行培育。

海带苗种繁育关键环节主要有亲本选择调控、苗种早期培育和苗种中间培育。①亲本选择调控。筛选孢子囊群面积大、生长状况佳、固着器粗壮、叶片长宽比适宜、中带部宽厚而柔软、色泽呈浓褐色、生长速度快的海带孢子体作为亲本。在室温条件下，用灭菌海水洗净，阴干刺激后的亲本放入预冷的海水中，孢子囊壁破裂，放散大量游孢子。海带栽培数代后优良性状可能退化，因此可利用不同遗传背景的亲本进行杂交复壮或通过诱变方式筛选优质新品种或新品系。②苗种早期培育。采孢子苗时，将筛选的亲本阴干刺激后，放入含氮磷营养盐的低温海水（10℃左右）中，使孢子集中大量放散，一般持续 2～3 小时即可达要求的孢子浓度，然后将栽培苗绳浸入其中，并置于人工可控的育苗池中，培育至幼苗可见。采配子体苗时，将室内培养的配子体打碎后，使其附着于生长基上，在适宜的温度、流水、光照和营养盐条件下培育至幼苗可见。③苗种中间培育。海带早期苗种培育完成后，将附有幼苗的苗帘从室内转移到海上培养一段时间，待幼苗长至一定大小（12～15厘米）时，需将其分苗，以使海带的生长密度适宜。苗帘经 20 天左右的海上暂养即可分苗，北方海区一般在 10 月中下旬进行，而南方海区一般在 12 月底进行。分苗后即可进入海带栽培环节。

第 3 章

海水养殖模式

　　海水养殖模式是指在某一特定条件下，使养殖生产达到一定产量而采用的经济与技术相结合的规范化养殖方式。池塘养殖、流水型养殖、循环水养殖和网箱养殖是中国集约化水产养殖的主要模式。

　　池塘养殖分为淡水池塘养殖和海水池塘养殖。虽然设施化程度相对较低，但却是水产养殖的主要模式。流水型养殖有较完备的设施系统，有规整的鱼池、给排水装置甚至厂房和设备，是工厂化养殖的初级形式，其系统设置依赖于水资源供应量和地域环境条件，养殖用水直接排放。长流水系统是虹鳟、鲟鱼等冷水鱼的养殖主要方式，北方沿海的鲆鲽类养殖和南方的鳗鱼养殖主要采用的是间隙式换水养殖模式。

　　循环水养殖模式具有可实现养殖生产条件全人工控制的设施和设备系统，是工厂化养殖的高级形式。由于投资回报、运行成本等方面的因素，循环水养殖在中国还处于现代农业生产方式的示范地位，但是循环水养殖代表了水产养殖业先进生产力的发展方向，也是未来渔业发展的重要发展方向。循环水养殖在石斑鱼、半滑舌鳎、河鲀、大菱鲆、鲍、刺参养成，以及大菱鲆、大西洋鲑、石斑鱼育苗生产中已成功应用。

　　网箱养殖分为内陆湖泊水库和沿海内湾网箱养殖，以及宽阔海域采用的深水网箱养殖，是集约化的养殖模式。普通网箱养殖是南方沿海内湾海水鱼养殖的主要方式。深水网箱养殖的主要养殖品种为石斑鱼、军曹鱼、白鲳。

未来养殖模式要走上可持续发展的轨道，需在为健康养殖提供进一步保障的前提下，更加注重系统在"节水、节地、节能、减排"方面的功效。

工厂化养殖

鱼类工厂化养殖

鱼类工厂化养殖是指利用工厂化设施进行鱼类养殖的养殖模式。

中国鱼类工厂化养殖始于20世纪60年代。最早是用于工厂化育苗研究，后逐步推广至以名贵优质海水鱼类育苗和养殖为主。至90年代初，鱼类工厂化养殖模式才开始规模化发展。大菱鲆、牙鲆、半滑舌鳎等鲆鲽鱼类，以及鳗鱼、河鲀、鲑鱼、石斑鱼等鱼类已初步实现了封闭循环水或半封闭循环水工厂化养殖。其中，海水鲆鲽鱼工厂化养殖已经形成成熟的产业化运作模式，并成为其他鱼类发展工业化养殖的一个样板。尽管中国的鱼类工厂化养殖发展迅速，但除少数现代化循环水养殖工厂外，总体上仍处于较原始的工厂化养殖模式，如何提升到工业化养殖水平，有待进一步研究。

◆ 区域

鱼类工厂化循环水养殖在中国沿海发达地区已有大量应用示范，已在天津、青岛、潍坊、烟台、文登等地构建了具有一定规模和良好示范意义的鲆鲽鱼类、红鳍东方鲀、大西洋鲑工业化循环水养殖示范基地。

◆ **模式原理**

鱼类工厂化养殖条件下，受自然气候环境因素影响小，水质易于调控，投喂管理便于实现机械化和自动化。鱼类工厂化养殖主要包括工厂化流水养殖和循环水养殖。循环水养殖是国际上从事鱼类工厂化养殖关注的焦点。随着水产养殖工程学的不断发展，循环水养殖因其节能、环保、高效的特点，将成为工厂化养殖的发展趋势。一个完整的鱼类循环水养殖系统应由养殖池和水处理系统两部分组成，配有自动投饵等专用设施，并满足适用性、可靠性和经济性 3 个原则。其中，水处理系统应包括物理过滤、生物净化、蛋白分离器、二氧化碳去除、臭氧或紫外消毒、增氧、调温等环节。

◆ **关键技术**

水处理是工厂化养殖的关键和技术核心，良好的物理过滤和生物净化能够保持系统的优良水质，从而能实现鱼类集约化、高密度的健康养殖。在循环水养殖条件下，水体通过系统的净化处理能够实现养殖用水循环利用，低排放甚至零排放，是一种节能、环保、绿色的健康养殖模式。

◆ **优点**

鱼类在工厂化养殖条件下借助于增氧、消毒、水体净化等保持良好水质条件的设施设备可实现较高的密度养殖。可根据鱼类生长对环境因子的不同需求，人为构建因鱼而异的高效生态养殖系统，为鱼类提供最适于生长和品质育成的环境。工厂化养殖模式下易于实现机械化、信息化、自动化养殖管理，是鱼类陆基化养殖的主要方式和重要发展方向。

鲍鱼工厂化养殖

鲍鱼工厂化养殖是指利用工厂化养殖设施进行鲍鱼养殖的养殖模式。

在鲍鱼工厂化养殖条件下借助于增氧、消毒、水体净化等保持良好水质条件的设施设备可以实现较高的养殖密度，可根据鲍鱼生长对环境因子的不同需求，人为构建适宜鲍鱼的高效生态养殖系统，为鲍鱼提供最适于生长和品质育成的环境。工厂化养殖模式下易于实现机械化、信息化、自动化养殖管理，是鲍鱼养殖模式发展的一个重要方向。新型鲍鱼工厂化养殖设施有鲍鱼公寓、多层立体循环水鲍鱼养殖设施等。

与鲍鱼筏式养殖、底播养殖等模式不同，鲍鱼工厂化养殖可以摆脱海域自然条件的限制，一定程度上拓展了养殖时间和空间。

鲍鱼工厂化养殖模式原理同工厂化养殖的模式原理。在工厂化养殖条件下，可通过养殖水温的调控实现鲍鱼全年快速生长。中国一些科研院所和高校已相继研发了多层立体跑道式养殖池、鲍鱼公寓等鲍鱼工厂化循环水养殖设施，从苗种培育到亲鲍培育均已建立了产业化应用的循环水养殖设施，取得了良好的经济效益。

鲍鱼工厂化养殖属于半自动化或全自动化养殖系统，适宜鲍鱼摄食、隐蔽和活动的附着基、适宜流速所提供的良好的水质、适口的饵料是鲍鱼工厂化养殖成功的关键因素。其他关键技术同工厂化养殖关键技术。

鲍鱼工厂化养殖主要为陆基的封闭式循环水养殖，无论在种鲍促熟培育还是稚鲍的高密度、大规格、健康苗种培育过程中，工厂化养殖都具有抗台风、赤潮能力强，配合饲料使用便利性好，收益稳定等特点。

海参工厂化养殖

海参工厂化养殖是指利用陆基室内水泥池或大型水槽等设施，模拟海参在自然海区的生态环境，通过养殖水体理化环境指标（如温度、溶解氧等）调控、附着基铺设、饲料投喂、病害防控等措施，为海参提供适宜生活和生长的室内环境，解除越冬和度夏极端温度对海参生长产生的不利影响，形成生物、物理、化学等方法的有机结合，使养殖过程达到绿色、循环和高效的一种海参养殖模式。

相对于池塘、围堰、浅海等养殖模式，工厂化养殖具有苗种成活率高、生长速度快、养殖周期短等特点，在实现高密度养殖的同时，提高经济效益。工厂化养殖要点包括环境条件、苗种投放、饵料投喂和日常管理等。

◆ 环境条件

要求水源充足、稳定、无污染，符合养殖用水相关指标要求，养殖车间具有进排水系统、充气设施、控温设施及供海参生活和生长的附着基等相关设施设备，使养殖水体相关指标达到如下要求：水温 10～20℃，盐度 27～34，溶解氧 ≥ 5.0 毫克/升，pH7.4～8.5，氨氮≤ 0.6 毫克 / 升。

◆ **苗种投放**

根据养殖条件、产量设计和收获规格等要求，可放养体长 1 厘米以上不同规格的苗种，放养密度可根据苗种规格的不同合理控制，按照大苗少放、小苗多放的原则进行调节。放养方法通常将苗种直接撒于池底附着基上，也可以采用网袋投放，让苗种自行从袋中爬出。放苗时以水温差不超过 3℃、盐度差不超过 3 为宜。

◆ **饵料投喂**

一般以海参专用配合饵料为主，辅以海带、马尾藻、鼠尾藻、石莼等大型海藻类粉状饵料及各种微量元素。日投喂量按照海参体重的 3% ～ 10%，并根据海参摄食和生长情况及时进行调整，一般每 10 ～ 15 天调整 1 次投喂量。前期将饵料用海水浸泡、搅拌后进行全池泼洒，苗种规格达到 50 克 / 头以上时，也可投喂颗粒饵料。

◆ **日常管理**

体长 1 ～ 5 厘米的苗种养殖水温控制在 17 ～ 20℃，体长 5 厘米以上的苗种水温可控制在 12 ～ 18℃；每天换水 1 ～ 2 次，换水率 100%；提倡循环水流水养殖，日流水量 3 ～ 5 个量程；根据池底残饵和海参粪便积存情况，一般每隔 7 ～ 10 天清池 1 次，附着基每隔 30 ～ 50 天刷洗 1 次，倒池和附着基刷洗同步进行。养殖期间做好生产记录，及时发现问题解决问题，积极做好病害防治工作。当海参规格达到商品规格时即可收获。

网箱养殖

网箱鱼类养殖

网箱鱼类养殖是将利用浮体、网片、连接和支撑材料等制成的网箱或笼放置于海上或湖泊河流等水域，依靠水体的自然更新和人工投饵进行养鱼的生产方式。

中国海水网箱养鱼始于 1979 年。广东省首先在惠阳、澳头等地试养石斑鱼获得成功；1981 年，扩大到珠海等地；2002 年，广东省网箱总数已达 13 万余只。福建省的海水网箱养鱼略迟于广东省，始于 1986 年，自 1987 年真鲷养殖成功后，得到迅速发展。网箱养鱼广泛分布于中国广东、福建、山东、辽宁、海南、浙江等地。

网箱鱼类养殖品种涵盖多种淡、海水种类，例如鲤、鲫、虹鳟、大黄鱼、鲑鱼、石斑鱼等。网箱鱼类养殖因多数在自然水域中进行，所以养殖环境比较接近自然生态环境条件，生产的水产品品质较好，养殖密度较高、单位产量亦较高。但是网箱养殖过于密集，超出环境容纳量后伴随产生很多负面环境问题，例如养殖水体富营养化、疾病一旦暴发将难以控制等。

网箱鱼类养殖利用网衣形成对鱼类活动范围的约束，同时利用网衣的透水性为养殖鱼类保持良好的天然水质条件，辅以人工投饵，实现鱼类的高效养殖。养殖用网箱的种类按照箱体的装配方式有无盖子，可分为封闭式网箱和敞口式网箱；按照网箱的形状，可分为矩形网箱、多边形网箱和圆形网箱；按照网箱设置水层的不同，可分为漂浮式、沉水式和可升降式。

选址和网箱本身的抗风浪性能是网箱养殖成败的关键。选择一处离岸近、水流通畅、温度适宜、风浪小的水域环境是网箱鱼类养殖的关键。优越的抗风浪性能能够保证鱼类健康生长所必需的水质和空间环境条件，增加抵御自然灾害的能力，降低养殖风险。此外，过硬的鱼类养殖管理技术、网箱鱼类分级和起捕设备的配套是网箱鱼类养殖成功必不可少的。

由于近岸适宜网箱养殖的水域面积日渐缩小，离岸深水网箱养殖正逐渐兴起。网箱鱼类养殖面临着养殖网箱的抗风浪性能不高，难以抵御强台风侵袭的困难。因此，研发质优价廉的深水抗风浪网箱是网箱鱼类养殖迫切需要解决的产业瓶颈问题。

筏式养殖

海参筏式养殖

海参筏式养殖是指利用浮筏将海参放置在上层水体中养殖的一种模式。

海参筏式养殖主要是"北参南养"兴起后在中国闽浙一带广泛采用的一种养殖模式。与北方普遍采用的池塘养殖、海参围堰养殖、海参浅海底播增养殖等模式相比，筏式养殖的优势在于养殖管理集约化，海区使用便于小规模区域化管理，便于投喂和收获，以适应海域使用密集交错的特点。筏式养殖区主要集中在中国南方，当地冬季水温较高，适宜海参生长。

科学设计的海参专用养殖设施不仅能满足海参的生活需要，促进海参健康生长，而且可以有效降低劳动量、保持良好水质，为生产管理带来便利。以往借用鲍、扇贝等的养殖设施进行的海参养殖，存在日常管理和饲喂劳动量巨大的缺点，已不适合劳动力成本日益增长的现代化养殖管理需要。用于养殖海参的浮筏结构与渔排相似，多以泡沫塑料做成浮子，用木、竹制成方形框架式结构进行养殖，并以木桩、石块、混凝土块或锚固定于海底，其中公寓式海参浮筏养殖设施不仅抗风浪性能大大提升，且投喂管理更加方便。随着成本的不断降低，新型浮筏养殖设施将逐渐取代现有的陈旧设施。

海参筏式养殖关键在于海区选择、养殖设施、种苗选择、投喂管理等方面。海参筏式养殖通常选择在风浪小、悬浮有机质多、流速缓、水质肥沃、无河流等大量淡水注入的内湾进行，避免在邻近工业区、船舶航运要道、港口码头的海区进行。以刺参筏式养殖区选择为例，海区水质应符合：盐度 25 ～ 33，pH7.8 ～ 8.4，溶解氧 ≥ 5 毫克 / 升，适宜生长水温 7 ～ 20℃。

用于筏式养殖的种苗应经历一段时间的海上过渡，受养殖周期的制约，筏式养殖一般选择每头 30 ～ 50 克的大规格苗种进行养殖，放养时间选择海水温度 20℃ 左右的 11 月份。海参的饵料可用浸泡后的干海带及龙须菜等大型藻类。病害防控以预防为主，合理调节养殖密度，保持水流畅通，定期清理养殖设施，清理残饵粪便及死亡个体，清除蟹等敌害生物。

贝类筏式养殖

贝类筏式养殖是指在浅海水面上利用浮子和绳索组成浮筏，并用缆绳固定于海底，使贝类养殖笼固着在吊绳上，悬挂于浮筏的养殖方式。

自 20 世纪 80 年代以来，中国贝类浅海筏式养殖为沿海经济乃至整个国民经济的发展做出了重大贡献。开展贝类养殖的主要国家或地区包括日本、美国、法国、英国、东南亚、西欧、澳大利亚等，但贝类筏式养殖主要在中国。贝类主要养殖品种有牡蛎、贻贝、扇贝。

贝类筏式养殖海区，应选择水质清新，水流畅通，初级生产力高，能避大风浪袭击，水深 12 米以上，大潮低潮时水深达 8 米以上，流速小于 1.5 米 / 秒的海域。海区环境应无工业、生活等污染源影响，温度周年变化要求不超过所养贝类种类的耐受范围，潮流应是标准的往复流，附着生物少、赤潮影响小。在近海海域上层水体架设筏架，将贝类养殖笼吊在筏架上，使得养殖贝类可获得充分的浮游饵料从而正常生长。

贝类养殖筏架一般长 80 米，浮漂采用吊漂，漂系长 3 米，一次性加漂 30 ～ 40 个。养殖器材为吊笼或胶皮绳。基于海域浮游初级生产力的高低和贝类滤食能力大小，换算得出海域单位水体最高可养殖的贝类密度。贝类自稚贝生长到一定大小后须分笼疏养，以保证贝类充足的饵料供应和快速生长。采用人工刷洗的物理防除技术或贝类与植食性海胆混养的生物防除技术，能有效降低贝类养殖网笼的污损生物附着水平。

贝类养殖对近海消除富营养化具有显著作用；同时，贝类养殖全程无须投喂人工饵料，因此对于改善近海环境、促进渔民增产增收具有重要作用。

滩涂养殖

贝类滩涂养殖

贝类滩涂养殖是指在人工可控滩涂环境条件下，将蛤、蚶、牡蛎、螺类等多种贝类养成至商品规格的过程。滩涂贝类是海水养殖的主导产品之一。

贝类滩涂养殖的区域一般根据养殖贝类生态习性，选择风浪较小，底质条件稳定，滩涂平坦，海水无污染、盐度适宜、饵料生物丰富的区域。贝类滩涂养殖主要有滩涂底播养殖和滩涂池塘养殖两种模式。中国北方海域滩涂成片面积大，贝类滩涂养殖一般为粗放的底播增养殖模式，养殖种类主要有菲律宾蛤仔、文蛤、毛蚶、缢蛏、牡蛎等。南方海域通常在滩涂区域进行围塘开展贝类养殖，以提高单位面积的养殖产量，养殖的种类包括青蛤、文蛤、缢蛏、泥蚶、螺类等，养殖方式为多种类、多段式池塘混养，养殖方式较为精细。

贝类滩涂养殖模式所涉关键技术包括养殖种类选择、池塘水质调控、养殖密度调控、养殖种类搭配、苗种生产技术选择、养殖污染清除方式选择和养殖产品捕获技选择等。

中国是滩涂贝类养殖种类最多、面积最多、产量最高的国家。2016年中国贝类养殖产量为1421万吨，其中牡蛎483万吨，蛤、蚶、蛏等滩涂贝类563万吨。在亚洲、欧洲、北美的一些国家，也有滩涂贝类养殖，主要的种类是牡蛎和蛤类。

海水池塘养殖

鱼类池塘养殖

鱼类池塘养殖利用人工开挖或天然池塘进行水产经济鱼类养殖的一种生产方式，是人们通过苗种和相关的物质投入，干预和调控影响养殖生物生长的环境条件，以期获得良好经济产出的系统活动。

池塘养殖是中国历史上最早的一种水产养殖方式，例如淡水池塘养鱼至今已有3000多年的历史。池塘养殖区域覆盖中国几乎所有地区，可利用的水源包括淡水、海水、盐碱水、地下水等，养殖的品种包括鱼、虾、蟹、贝、藻、软体类、两栖类和爬行类等各类水产经济动物。鱼类池塘养殖模式包括低密度的粗养、较高密度和高密度的半精养与精养，以及不同品种的混养或与畜禽、农作物等的综合养殖等。尤其是综合养殖具有资源利用率高、环保、产品多样、持续供应市场、防病等优点，因此被普遍认为是一种可持续的养殖模式。

鱼类池塘养殖的关键技术有：①池塘的预处理。包括修整、清淤、曝晒、消毒等。②水源的处理。包括抽水、过滤、曝气、消毒等。③养殖模式的优化。包括放养品种、放养密度、搭配比例、放养时间等。④苗种投放。包括筛选、检疫、中间暂养等。⑤基础饵料培育。通过施肥等措施繁殖单细胞藻类和浮游动物等。⑥环境调控。包括换水、理化因子检测、利用有益微生物制剂、绿色环境改良剂和底质改良剂的综合调控，以满足不同生物健康生长的最佳条件。⑦投饲。使用人工配合饲料或天然饵料并采用适宜的投喂策略。⑧增氧。根据池塘条件和养殖模式选择不同类型的增氧机，适时增氧。⑨防病。包括病原监控、免疫防病、生态防控、安全性药物使用等。⑩废水排放，利用生物处理池和沉淀过滤后排放。⑪收获与运输。根据季节和市场需求以放水、拉网、地笼等方式收获，活运或冰鲜运输等。

甲壳类池塘养殖

甲壳类池塘养殖是指利用池塘进行虾、蟹等经济动物养殖的一种生产方式。是人们通过苗种和饵料等物质投入，以及调控养殖环境条件，获得良好经济产出的系统活动。

池塘养殖的甲壳类品种包括凡纳滨对虾（俗称南美白对虾）、中国对虾、日本囊对虾（俗称车虾）、斑节对虾（俗称草虾）、长毛明对虾、墨吉对虾、刀额新对虾、罗氏沼虾、日本沼虾（俗称青虾）、克氏原螯虾（俗称小龙虾）等虾类，以及中华绒螯蟹（俗称河蟹）、三疣梭子蟹、锯缘青蟹等蟹类。甲壳类养殖已成为中国多地的养殖主导产业，如江苏的中华绒螯蟹和日本沼虾、辽宁的中华绒螯蟹、广东的罗氏沼虾、浙江的三疣梭子蟹和锯缘青蟹、湖北的克氏原螯虾，以及海南、广东、广西、山东等地的凡纳滨对虾等。

甲壳类池塘养殖根据养殖所用水源，分为淡水、海水、盐碱水、地下水养殖等；根据养殖模式，分为粗养、半精养、精养、混养、套养及与其他动植物的综合养殖等。

甲壳类池塘养殖主要有以下技术要点：①池塘预处理。包括冲洗、清淤、曝晒、消毒等。②水源处理。包括沉淀、过滤、曝气、消毒等。

③苗种投放。包括筛选、病原检测、中间暂养等。④基础饵料培育。通过施肥等措施繁殖单细胞藻类和浮游动物，以及移植水草等。⑤环境调控。包括排污、换水、理化因子检测，利用有益微生物制剂、绿色环境改良剂和底质改良剂进行综合调控，利用不同类型的增氧机保证充足的溶解氧，以保障甲壳动物健康生长。⑥投饲。使用人工配合饲料或天然饵料并采用适宜的投喂策略。⑦病害防控。包括病原监测、免疫强化、生态防控、安全性药物使用等。⑧废水排放。利用生物净化和沉淀过滤后排放。⑨收获与运输。根据季节和市场需求以放水、拉网、地笼等方式收获，活运或冰鲜运输等。

浅海增养殖

贝类浅海底播增养殖

贝类浅海底播增养殖是指将生长到一定规格的贝类苗种播撒到浅海水域，让其适应自然环境，依靠摄食天然海域的饵料生物自然生长，以达到资源增殖和养护的目的，待其生长到商品规格后人工采捕的一种生产方式。主要养殖品种有鲍、扇贝、蚶等经济价值较高的贝类。

◆ 海区选择

不同贝类对底播海区的环境条件要求差异很大，底播时应充分调研海区的底质、海流、饵料种类和丰度，以及温、盐年际变化等基础数据，从而确定适宜该海区底播增养殖的种类、规格、密度、时机等。例如，皱纹盘鲍适宜在潮下带浅水区、岩石基质、藻类茂盛、水流通常、有遮蔽物、盐度 30 ~ 34、水温常年变化幅度 4 ~ 28℃、海水透明度不小于 2 米、无淡水流入的水域底播。虾夷扇贝适宜在风浪小、潮流畅通，泥沙或沙质底，底质无污染，单胞藻丰度高，水质清洁的海域进行底播。蚶类大多生长在水深 3 ~ 20 米、底质为粉沙或软泥的近岸海域，适应水温为 5 ~ 28℃。

◆ **模式原理**

底播增养殖是一种将人工育苗、增殖放流技术和捕捞技术有机结合，从而实现资源增殖和生产收获的作业模式。该模式弥补了野生苗种资源补充量小的缺点，人为改变了浅海水域生物群落的结构，使生态系统的产出更符合人类需求。这一模式更加充分地利用了天然海区的饵料生物资源，有效提高了海区的产出，且能够保证产出的海产品几乎保持了野生状态下的品质。因而是高品质的海产品生产模式。

◆ **关键技术**

贝类浅海底播增氧殖应选择适宜的时间投放，选择苗种的适宜规格时期进行投放，并将两者科学地统一。即在最适宜的季节投放最适宜规格的苗种，因此需要对苗种生产进行有效的规划。贝类浅海底播增养殖海区的选择应重点考虑到的因素主要有以下 4 个方面：底播海区海流、底质、温度、饵料等环境要素是否适宜增养殖；海洋污损生物会附着在扇贝、鲍等贝类的外壳，导致外观受损，生长缓慢，品质降低；海洋贫氧水团和冷水团可直接影响或通过影响饵料生物间接影响养殖生物；肉食性螺类、海星、海胆等是双壳贝类的敌害，需做好防控管理。

本书编著者名单

编著者（按姓氏笔画排列）

马爱军　　王　雷　　王广策　　王志勇

王鸿霞　　尤　锋　　冯永勤　　刘　鹰

刘保忠　　许　强　　李　军　　李富花

杨红生　　肖　述　　肖志忠　　吴富村

何毛贤　　张立斌　　张全启　　陈国华

施兆鸿　　柴雪良　　黄国强　　喻子牛

温海深　　游　奎　　谢仰杰